解梦大师

刘跃辰 著

中国华侨出版社

图书在版编目（CIP）数据

解梦大师 / 刘跃辰著. —北京：中国华侨出版社，2015.3

ISBN 978-7-5113-5331-3

Ⅰ. ①解… Ⅱ. ①刘… Ⅲ. ①梦—精神分析—通俗读物 Ⅳ. ①B845.1-49

中国版本图书馆 CIP 数据核字（2015）第 058427 号

解梦大师

著　　者 / 刘跃辰

策　　划 / 周耿茜

责任编辑 / 严晓慧

责任校对 / 志　刚

经　　销 / 新华书店

开　　本 / 710 毫米×1000 毫米　1/16　印张 /16　字数 /173 千字

印　　刷 / 北京中印联印务有限公司

版　　次 / 2015 年 5 月第 1 版　2020 年 5 月第 2 次印刷

书　　号 / ISBN 978-7-5113-5331-3

定　　价 / 48.00 元

中国华侨出版社　北京市朝阳区静安里 26 号通成达大厦 3 层　邮编：100028

法律顾问：陈鹰律师事务所

编辑部：（010）64443056　64443979

发行部：（010）64443051　传真：（010）64439708

网　址：www.oveaschin.com

E-mail：oveaschin@sina.com

自序　遇见梦中的自己

梦是个神秘而奇幻的地带。有的人认为梦能预示未来，带着某种警示的信息，有的人认为梦是躯体反应形成的现象，还有一些人认为梦是人类心理作用的结果，等等。梦是一种主体经验，是人在睡眠时产生的影像、声音、思考或感觉；梦的内容通常是非自愿的，因为梦的内容不是由梦者自己控制的。但是无论内容是被控制的还是自愿的，梦的整个过程是一种被动体验，而非主动体验过程（这里不包括似梦非梦时的有主观意愿希望继续先前的梦境的那一刻）。梦是一种神经行为，也有学者认为是人的潜意识突显。无论什么样的理论都是以假设为前提的，在这里，我们不去争论梦的概念，只想在来访者（寻求心理帮助的人）的梦里找到其内心存在的心理问题或冲突，并加以疏导。站在心理咨询的角度，释梦是要咨询师与来访者共同去感受，发现来访者潜意识里的问题，如：某个潜意识情结、某个内在冲突、某个事件导致的心理问题、被遗忘的感受等。事实上，每个梦都包含了大量的信息，我们在心理咨询中主要筛选那些对来访者症状有关的信息来加以感受与觉察。这才是本书的主旨。

引发梦的原因大体上有四类，那就是外部（客观的）感觉刺激、内部（主观的）感觉刺激、内部（器官的）躯体刺激和纯心理刺激源。

梦境中出现的事物，大都属于梦者内在的现实。也就是说梦中的事物对于梦者自身是真实存在的，只不过它们存在于梦者的内心世界，而不是我们大家生存的物质世界。这也就是为何前言这个标题叫作"遇见梦中的自己"的原因了（梦境中的意象都是内在现实的一部分，它们只属于梦者的内心世界，也就是说，梦境中的意象是梦者本人内在的一部分）。人类看待事物的方式方法都有着一些差异性，这些差异是由我们的"内在现实"决定的。而内在现实是受到我们个体的遗传信息、童年的经历和重大事件等因素的影响而形成的。在心理咨询中，释梦者与梦者的有效对话具有治疗意义。意象并不都是具有普遍的象征性，在个案释梦里，不能忽视意象针对个体的独特意义。也就是说，梦者梦到一束红色的玫瑰花，红色玫瑰花的普遍象征意义是热情和爱情，但我们要考虑梦者本人的特殊性，如果梦者以前看到一次车祸，死者穿着白色的裙子，而胸口溢出的鲜血就像一束玫瑰花，那么梦中的那束玫瑰花对于梦者本人的象征意义就不一定是爱情或热情，也许是脆弱、恐惧、突如其来的打击、灾难或死亡等象征意义了。怎么能留意到梦者象征的独特性呢？可以利用精神分析的自由联想或意象对话技术，也可以利用积极想象来协助梦者拓展或外延梦境的界限，来了解梦者独特意象的象征意义。

　　本书是站在心理咨询与治疗的角度解释和运用梦境的一本心理咨询读物与科普读物。通过对来访者新颖、独特梦境的解析，探索身心领域，使人们的一些隐藏在无意识里的信息上升到意识层面。通过梦境这一途径来了解自我的情绪、潜意识的运作模式等。释梦在某种意义上来讲，它也在释放那些被禁锢在潜意识牢笼里的情绪，同时具有心理疗愈、心灵整合的作用。

　　本书分两部分。在第一部分里，作者把梦境、与梦者交流、梦的解析分离开来，让读者能清晰地把握释梦的整个脉络；第二部分是以现场纪实的方式，展示释梦在心理咨询过程中的应用。本书记录了30多个梦境的解析过程。梦境中有庞大的信息量，而我们在咨询中，捕捉那些梦境中意象的象征意义和来访者成长经历与当下现实之间的连带关系，是本书的释梦基础。

　　心理咨询的过程，是向内求索的过程（协助来访者自性化的过程）。《庄子·天下》里的"内圣外王"，是说一个人内心强大了，有圣贤之德，现实生活中才能无往不利，施行王道。梦境中所提供的信息给了我们一个非常好的向内求索的条件，让我们可以利用梦这一工具，帮助来访者去感受和觉察。这里还要说明的是，在咨询室里的释梦过程，都不是在第一次咨询中就开始释梦的。释梦的过程中会涉及来访者的一些隐秘，在相互交流的过程中，是需要咨询师与梦者之间建立良好的信任关系，否则，工作是没有意义的。

　　本书叫作《解梦大师》，那么谁是解梦大师呢？是梦者自己。每个人都有着对自己梦境中的意象独到的感受，这才是最重要的，这种感受异于旁人。心理咨询师不是指导师，他是提供或与来访者共同建立受保护的空间（治疗背景或治疗情境），帮助来访者自我觉察的人。所以，尊重来访者对梦境的自我觉察是尤其重要的，这会使心理咨询工作更加客观和人性化。

本书属于科普类读物，为了便于阅读，我把一些心理学常识性的概念和术语在文章的下面做了注解。这也是希望让更多的人了解心理咨询工作。

在某种意义上讲，释梦本身是一门艺术，它能在意象及象征意义上使梦境中的情境延伸和升华，了解人们内在的诸多情结，为人们的心理服务，这可以表现在对自我认知方面，也可以表现在了解情绪和身体状况方面，总之，它对人们具有多层次的帮助。

于长春工作室

2014 年 10 月 8 日

目录 Contents

第一部分
心理咨询释梦技术

这一部分主要把来访者的梦境、咨询师与梦者的对话和梦的解析单独分离开来，让读者能清晰地了解释梦技术。释梦本身具有解释梦境的成分，但在与来访者交流的过程中咨询师不能去解释来访者的梦，如果去解释，就会误导来访者的真实感受，从而使来访者潜意识的信息在上升到意识层面的时候具有局限性，也就是说，来访者自我觉察才是最贴切、最重要的。

在梦的解析部分中，咨询师会参照治疗情境、梦者本人的感受，以及当下咨询师的感受，去组织语言阐述梦的信息带给我们的觉察，这依然会具有局限性，局限了来访者更多的感受，会存在偏差，所以，请阅读的朋友们谅解，因为任何事物，当人们站在不同的角度去看，就会有不同的感受和理解。

说明：

本书中经常会提到"来访者""梦者"，这里是指咨询师面对的当事人。书中也会经常提到"工作"，在这里指心理咨询。

开车的感觉

我的梦境

记得我打算成立自己的心理工作室前夕，做了一个这样的梦：

我从曾经就读过的初中学校大门走出来，站在马路上。学校的大门是朝东向开的，马路的东侧是运动场。我看到我的白色轿车在学校东墙边上停着，车头朝向南方。我走近时发现，车子右侧的五分之一镶嵌在学校的东墙里面，我环视四周，发现我的大哥就站在马路上和一个人（我不认识）聊天，我想喊他帮我，我向大哥的方向走了一步，后来不知道怎么地，就自己走到车子旁边，打开车门，用手托着车的顶部，把它从墙里拽了出来。我上了车，打算叫大哥一起走，可是没有叫他，我发动引擎，心里很忐忑，因为自己有生以来只开过3次车。我尽量使自己镇定，慢慢地把车子开走了。我的眼睛谨慎地看着两侧的风景，但我内心知道，右侧是学校，左侧是运动场，我就在它们中间的马路上穿行，这个时候我发现，白色的车子变成了红色。

醒来之后，我仍保留着驾驶轿车时忐忑的感觉。

🌳 自我猜度

本以为我会在清晨睁开眼睛时忘记这个梦，毕竟做这个梦的时候是凌晨的事情。可在我起床的时候，它依然那么清晰地印在我的脑海里，包括那种忐忑的驾车感觉。

在释梦的时候，我总会了解一下梦者最近几天的情况。做这个梦的前夕——也就是 3 天前，我决定要筹备自己的心理工作室的时候，我曾咨询一些从事心理咨询行业的朋友们，他们告诉我要谨慎，不能把摊子铺得太大，因为这个行业在刚刚开始时会很艰难，起码要用一年的时间来验证自己是否适合从事这个行业。这些信息自然会影响到我对未来的担心，于是会有忐忑的感觉。驾驶汽车的忐忑感与未来执业的忐忑感如此相似。

我为什么会梦到曾经就读过的初中校园？那是我学习过的地方，仔细地回忆，我发现初中那段时光是我记忆最深刻的。我在初中待了4 年，因为在初三的时候，中考没有考上重点高中，我又复读了一年。联想到现实，我也是刚刚学习完一些心理咨询技术。我能掌握的那些技术，说实话，感觉心里不是很有底，这种感觉和中考时的感觉差不多。

我对车子没有太大的兴趣，也不喜欢开车，更没有考驾驶执照，但在梦里却偏偏出现了自己的车子。以前我也曾想过，如果经济非常宽裕了，就要买一辆宝马，可梦境中真的记不得那是辆什么牌子的轿车。那么，车子的意象又代表着什么呢？车子是用来代步的工具，代表着行动，而车子镶嵌在学校墙壁里，这说明它无法行驶。这有可能是我潜意识里觉得，我学习到的心理咨询技术还远远不够用以执业吧，所以有些踌躇不前。

我梦到我的大哥，这又是什么缘故呢？回想以前的种种，每次办一些事情的时候，我首先会想到我的大哥，很多事情都是他出面为我办理的。在梦中，当我感觉不安的时候，就又把目光投向了大哥，希望得到他的帮助。可我的潜意识知道，心理咨询这个行业对大哥而言是个陌生的事情，他帮不了我什么，所以在梦境中，他在和一个人讲话，没有关注我，而我是自己把车子从墙壁里拽出来，准备凭借自己的能力去行动。

在梦中，我清晰地感知到马路东侧的运动场。如果马路代表着人生的道路，运动场是竞技和锻炼的场所，那么梦到它们，是我的潜意识里对未来执业的尝试吗？

当车子启动后，我的感觉是很忐忑的，同时，在慢慢行驶的过程中，车子由白色变成红色。现在回想起来，红色的感觉不错，让我有种战斗的感觉，对一些事情（或许是心理咨询）充满热情。车子一开始是白色的，白色不仅仅代表纯洁、单纯，也代表着无力感，联想到刚刚驾驶的忐忑感，其实就是自己不够自信。那条马路的方向是东南，也就是说我的车子正在往东南方向行驶。在五行中，东属木，生机的意思；南属火，热情、激情、红火的意思。后来在逐渐熟悉驾驶的过程中，车子颜色变成红色（红色的意象常常象征着热烈、冲动、强有力的、积极、热情、热诚、温暖、前进、警告、危险、禁止、愤怒等），是代表着潜意识对心理咨询执业的动力和热忱的期盼，还是对这个执业存在着危险的感觉？在自我察觉时，我没有愤怒的情绪，所以红色在这里代表的不是愤怒，那就剩下强有力的行动力、热忱的期盼和对未来的不确定感而生出的危险感觉吧。

梦 的 解 析

这是一个对未来工作忧虑的梦。

看到上面的自我猜度，基本上已经解释了这个梦。做梦的前夕我决定开设自己的心理咨询工作室，这个行业是需要时间来验证的，当然，自我能力的提升也是需要时间的，所以我没有太充分的把握，这就产生了对这个选择的焦虑，以及对未来执业的忧虑。

车子镶在学校的墙壁里，这可以说成潜意识[1]提供的信息，让我察觉自己还在学习阶段，无法真正行动，毕竟车子在这里的意象，最恰当的解释是事业行动的工具。当我觉得没有足够行动力的时候，我的下意识很自然会想到经常帮助我的大哥，这在潜意识里自然有着对大哥的依赖感，我向大哥的方向走了一步，后来不知怎么却没有叫他，这可以解释成，我发现大哥对这个行业是陌生的，帮助不了我，于是我的潜意识提醒自己去自我行动（自己把车子拽出来）。

再有，道路的两侧分别是学校和运动场，学校意象的象征意义前面已经说过了，而运动场的象征意义，在这里可以解释成为竞技或锻炼，也就是说我的潜意识觉得自己可以边学习边实践，让自己行动起来。白色的轿车说明自己的底气不足，无力感，很不自信，但当启动汽车之后，虽然很忐忑，但发现并不像想象的那么困难。车子慢慢开动，由白色变成红色，这可以理解为任何事物在经历中都会慢慢熟悉和掌握，继而有所收获，内心希望自己的事业会越来越好、红红火火，同时也有着危险的感受（红色也代表着危险）。

　　关键是那种忐忑的感觉，我在醒来后，依然记得那种感觉，这说明我的潜意识对于自己的选择真的不够自信，很忧虑自己掌控事物的能力。回想童年的经历，这种感觉来自父亲时而看我的眼神，那种眼神让我缺乏自信。记得我在三岁左右的某一天，父亲好像从外面回来，坐在炕沿上，看了我一眼，那眼神充满了鄙视与厌恶。我不记得我做了什么，当然，我也不知道发生了什么事情，总之，这种感觉被我的一些内在系统记忆下来。从那时起，我变得越发敏感起来，无论做什么都感觉没有信心。这或许就是精神分析中所说的童年心理创伤[2]吧。儿时父亲的眼神，在看我时，是鄙视和厌恶的，作为一个三四岁的孩子，所能接受到的信息是：爸爸不喜欢我，我做得不好。如果我那时是成年人，一定会想到爸爸为什么那么看我？发生了什么事情？就会知道，爸爸与妈妈才吵完架，自然没有好情绪。可惜那时我只是个孩子，不懂这些因果关系，自然以为爸爸讨厌我、不爱我。这种感受在未来的经历中还会出现，譬如：作业没有做好时老师的一个眼神；在家打碎了一个杯子时爷爷的眼神等等，这些眼神在幼小的心灵深处越积越多，就会形成创伤情结，在未来的生活中自我价值感很低，缺乏自信。

注释：

（1）潜意识：

潜意识是由心理学家西格蒙德·弗洛伊德提出，是指潜藏在我们一般意识底下的一股神秘力量，是相对于"意识"的一种思想。又称"右脑意识""宇宙意识"，《脑内革命》的作者春山茂雄则称它为"祖先脑"。潜意识，也就是人类原本具备却忘了使用的能力，这种能力我们称为"潜力"，也就是存在但却未被开发与利用的能力。潜能的动力深藏在我们的深层意识当中，也就是我们的潜意识。

潜意识是人们不能认知或没有认知到的部分，是人们"已经发生但并未达到意识状态的心理活动过程"，它相对于意识（显意识）而言。

（2）童年心理创伤：

童年心理创伤所指的是童年时被人为而非意外造成的不恰当对待，例如各种形式的身体虐待、用言语或非言语造成的心灵虐待、不顾忌当事人的成长需要造成的心灵损伤、目睹虐待或暴力事件、长期或极端地被忽略和遗弃、情绪不被接纳、情绪长期受控于他人等等。

对当事人而言，创伤性事件的来临不能预测、无可避免，当事人在毫无心理准备下面对此事，感到不知所措及无能为力。童年心理创伤是一个扭曲人性的过程，不论当事人当时有没有察觉为创伤，对当事人来说已产生确切的心理阴影并一直影响着成年后的今天。

　　童年心理创伤对当事人造成一连串的后遗症，如自我价值感低、对人或周遭环境难以信任、身体和心灵的分割和麻木、人际关系上的困难等。

耳朵眼儿里的棺材

我的梦境

我梦见自己从左侧耳朵里拿出一口棺材，就像挖耳屎那样，掉在桌子上。我认真看了看这口棺材，把它掸落在地上。我心想，这下耳朵会灵敏多了（现实生活中，我耳朵有点背）。

沙盘游戏治疗师肖婷与我的交流

肖婷（化名）坐在沙盘旁的椅子上问："棺材？是什么颜色的？"

我："有点黑，还有点高级灰色。这两种颜色参差不齐，好像棺材的底色是灰色的，外面的颜色是黑色的，黑色掉了很多，就露出里面的高级灰色了。"

"高级灰……"

"是的。"

"高级灰这种颜色给你什么感受？"

"像生命的本色。"

肖婷若有所思地问："棺材具有什么象征意义呢？"

我说："死亡。"

"还有呢？"肖婷问，"死亡还代表着什么？"

"终结，"我说，"也代表着新的开始。"

"黑色给你什么感受？"

"像阻挡看清事物的一些元素，看不清楚事物的本真。"

"你可以闭上眼睛，去感受那口棺材。"肖婷建议。

我闭上眼睛，静静地看着那口棺材。

"看这口棺材像什么？"

"像问题。"我悠悠地说。

"嗯，左脑是用来意识思考的。"肖婷自语。

"嗯，我感觉放下思考能让我更加轻松、全面地去面对我的来访者。"我睁开眼睛说，"那些黑色好像在逐渐脱落，露出事物的本来面目。"

肖婷笑了笑说："还有那个桌子，它是什么样式的？"

我又闭上眼睛，回到梦境里"像沙盘……对了，就是沙盘。"

"嗯。"肖婷会心地点头。

"这是告诉我，不要去分析或总结，用无意识觉察[1]才是最能感知到真相的。"我恍然大悟，"这样更能帮助到来访者。"

◆ 梦 ◆ 的 ◆ 解 ◆ 析 ◆ ─────────────────

这个梦很简短。梦里出现了"棺材、黑色、高级灰色、桌子、左侧耳朵"这些意象。

此梦在躯体上的表现是希望耳朵能够聪慧起来，毕竟它有点背。也有可能是做梦前夕有些焦虑，所以梦里提醒我要注意自己的情绪，因为焦虑会让耳朵更加背。再有，我的爷爷、爸爸、妈妈在老年的时候耳朵也有些背，这有可能也在提醒我年龄不断增长，注意呵护耳朵，不要让自己的情绪总在焦虑之中。

从工作的角度分析，在做这个梦的时候，我已经用沙盘游戏治疗技术做了上千小时的个案。这些工作给了我很多感受，有些感受是已经上升到我的意识层面的，而有些仍在无意识状态里，不是十分明晰。很明显，这个梦是在提醒我，利用"无意识觉察"可以更好地在沙盘游戏治疗中工作。

棺材的意象，在这里代表的象征意义或许是停止；左耳朵意象的象征意义或许代表着意识思维；黑色或许代表来访者的症状；高级灰色或许代表着症状背后的实相。这样看来，整个梦境就具有了更加鲜明的象征意义。至于那张桌子，在治疗师的帮助下，让我想到沙盘，这就更能诠释整个梦境所要告诉我的信息——在沙盘游戏治疗中，去充分相信自己的无意识觉察，以及来访者的无意识觉察。

以上的解析有些片面，这里面忽略了很多其他的信息，我只站在心理咨询的角度去表达，这会让梦的价值体现在心理咨询或心理治疗中。

注释：

（1）无意识觉察：

无意识指的是那种不知不觉、自己本人没有意识到、没有觉察到的心理活动。它不同言语、词和文字相联系，不能用言语表述。弗洛伊德认为，人的心理分为两个部分，把心理活动比作水上的冰山，意识是冰山的水面部分，无意识则是它的水下部分。原始冲动和本能以及之后的种种欲望，由于社会标准不容许，得不到满足而被压抑到无意识之中，但它们并没有消灭，而在无意识中积极活动。因此，无意识是人们经验的大储存库，由许多遗忘了的欲望组成。

无意识觉察，是美国艾瑞克森催眠中经常提到的词汇。我的理解是催眠状态下的感知能力。

整容手术

丽萍（化名），女，39岁。在一所医院做行政工作。她是我的学生。她性格很开朗，不研究案例的时候，很喜欢开玩笑。

丽萍讲述的梦境

我记得很清楚，那是我10天前做的一个梦。梦见我同事让我给她做面部整容手术，我说这个我做不了，她说你一定能做。这时就有人站在我面前，我就给她做面部消毒处理，之后用手术刀从这个人的前额发髻线开始，向下到眼睛，再到下巴，切开两条笔直的口子，没有流血。我能明显地看到刀口，很整齐。再之后我把裂开的口子往相对的方向拉皮，用医用手术胶带粘好。很顺利的手术。我心里很舒服的感觉。这个人刚走，我的同事就过来说，"这回可以给我做整容手术了吧。"我心里觉得自己的能力不行，但又不好推辞。正这么想，她已经站在我面前了。没办法，我就像刚才做手术那样，划开她的脸皮，和上次不太一样的是出了点血，但不多，我很快擦掉了，以后也没再出血。当我开始拉皮的时候，总是出现褶皱，最后手术没做完我就不敢做了，只好给她用医用胶带粘好。心里很不舒服。

与丽萍交流

丽萍和小慧（化名）是同事，都是我的学生。她们俩坐在我办公室的长条沙发上。丽萍说她最近状态不太好，经常做梦，还嚷嚷着要我给她解梦。我说，既然不是做心理咨询，我没心情给她释梦。可她还是不依不饶地把她的梦讲给我听。

讲完这个梦之后，丽萍下意识地把手放在膝盖上。我看着她问："你说做整容手术时是两条切口，一条是从发鬓线到左眼睛，再到下巴；另一条，从发鬓线到右眼睛，再到下巴，对吗？"

"是的。"丽萍笑着答道。

"也就是说，这两条切口是平行的？"我继续追问。

"是的。"丽萍拉长了眼睛说。

我看了一眼小慧，禁不住笑了起来。

丽萍很纳闷，问我笑什么。我由抽屉里拿出一张打印纸，在上面写了"例假"两个字，折起来，然后交给小慧。我告诉小慧先不要打开，等我求证之后再看。

丽萍越发糊涂起来。

　　我用手在脸上把笑容抹去，一本正经地问她："你说这个梦是 10 天前做的？"

　　"对啊。"丽萍更加认真地看着我。

　　"嗯。你在第九天，或第八天，身上有什么变化？或者说，有没有你们女人特有的事情发生？"我问。

　　丽萍的眼睛拉扯得更长了，傻傻地问："什么意思？我没听懂。"

　　小慧拍了丽萍手臂一下说："就是问你来没来例假。"

　　丽萍想了一下说："来了，做梦那天早晨起来就来了。"

　　我点头，并示意小慧打开那张折叠的打印纸。

　　小慧打开后，看到"例假"两个字，大声地笑起来。

　　丽萍把纸抢过来一看，露出震惊的表情，一本正经地问我："刘老师，你也太牛了吧，你怎么知道的？"

　　"你的梦告诉我的，而且我还知道，你那次的经血不多。"我以调侃的语调说。

　　"是的，是的。"丽萍有些不敢置信，"这以后还有谁敢给你讲梦了。"

　　"所以啊，没事的时候别把你的梦告诉我，我会了解你更多的信息。"我用告诫的口吻说。

　　"这怎么可能？"丽萍看着小慧说。小慧也觉得太过神奇。"刘老师，你是怎么做到的？"小慧也来了兴致。

　　"其实很简单，"我看着丽萍说，"当你讲到梦中给人做整容，切开两个口子的时候，我眼前就出现了两条平行线。"

"这与例假有什么关系？"小慧急着问。

"是啊。"丽萍也很疑惑。

"我眼前出现的两条平行线让我想到了女人用的护垫，它挨着裤头的一侧是两条平行的胶带。"我继续解释说，"我前一段时间痔疮犯了，女儿把她的护垫给了我，以防上药后药液黏在裤头上，所以我就想到了护垫。"

"就凭这一点？"小慧质疑。

"我也是感觉，就是感觉而已，我也不敢确定，所以写了字先放在你那儿，看看我的感觉是否正确……其实没什么科学依据。"我看着小慧，认真地说。

"那为什么你还知道经血很少？"丽萍追问。

"你说在给你同事做整容手术的时候，出了一点血，但不多。"我继续解释。

"这就能证明经血少？这是什么理论？"小慧问我。

"我怎么知道，"我耸了耸肩说，"我也就是偶感……偶感。"

小慧和丽萍两个人还想就这一话题继续纠缠下去，我忙打断她们的思路，问："丽萍你最近在单位是不是想换个职位？"

"没……我哪有那心思。"丽萍马上回答。

我发觉丽萍隐瞒了些什么，虽然掩饰的还算可以，但我隐隐感觉到我的猜测没有错。我忽然想到小慧和她一个单位，所以我马上转移话题："其实，对于丽萍的这个梦是可以工作一下的，对你的自我了解有好处……先前我的感受和猜测没有给你带来什么益处，但接下来我们俩倒是可以工作一下。"

我看了一眼小慧，小慧很识趣地说："你们聊，我去给儿子买书包，他的书包一年要换好几个，太费。"

小慧走后，我把丽萍让到咨询室里，请她坐在单人沙发上，我坐在与她呈 90 度角的另一个沙发上。

我："在梦境中，你在为一个人做手术，那个人是谁？"

丽萍："我没有看清脸，只知道她是女人，别的就不清楚了。"

我："闭上眼睛，让我们回到那个梦境里，去看看那个女人是谁。"

丽萍闭上眼睛，尽量让自己放松下来，我能感觉到她在试图回到那个梦境里。

就这样，过了一会儿，丽萍幽幽地说："看不清楚脸……有些熟悉，但又想不起是谁。"

"别急，就在这种状态里待会儿……想象自己已经做好准备，拿着手术刀……很好……"我看着丽萍的眼皮抖动着，我继续说，"就这样……看看那个人是谁。"

"我拿着手术刀，那个女人一晃就靠在手术室的墙上……我还是没有看清楚她的脸。"丽萍说。

"嗯，现在我们再回到你刚刚拿着手术刀的时候……然后，我们就像放电影一样，一帧一帧地播放……很缓慢……每一帧都很清晰……"我继续引导。

"嗯，我看到了，是个非常模糊的虚影，一晃就靠在手术室的墙上了，还是看不清楚。"丽萍说。

"你是在手术室的墙壁上为她做的整容手术？"我改变话题。

"嗯，是的……我感觉我准备好了，也许还没准备好……她就来了。"丽萍依然闭着眼睛。

"在梦里，你是从那人……那个女人的发鬓线纵向切开的，而且是两条线？"我问。

"是的……切得很整齐，没有流血……"丽萍的面部表情很安详。

我能感觉到那种舒适感。我跟随："没有流血。"

"嗯……很舒服……我的心情很舒服。"丽萍说。

"很舒服……不错，这回再认真地看看那张脸，看看她是谁？"我跟随丽萍的同时，继续询问。

"是我……怎么会是我呢？"丽萍睁开眼，一下子站了起来，在咨询室走动了一圈，又坐回沙发里。

我笑了笑，看着丽萍问："现在你什么感受？"

"有些惊奇、紧张……还有一些舒适的感受。"丽萍边感受边说。

"紧张、舒适……这些感受能让你想到什么？"我继续问。

"……"丽萍想说什么，最后又什么也没说。整个咨询室陷入了沉思，很宁静。

过了好久，丽萍从深思中醒来，她说："其实，我总觉得自己很有能力……我觉得有能力做好每件事情，可当真要开始行动的时候，我一般都会选择退缩。"

"这个梦让你更加了解自己。"我点头。

"是的。"丽萍说。

"还有，你对你的身材或样貌有什么不满意的吗？"我问。

"那倒没有，就是最近觉得自己胖了些，打算减肥呢。"丽萍说。

"我对美容手术不懂，一般是横向切口吧？因为那样才能把脸上的褶皱弄少，而你是纵向切开，你感觉到了什么？"我问。

"想瘦脸吧……最近早晨起来照镜子，感觉脸长胖了。"丽萍笑了起来。

"你现在觉得怎样？"我最后问丽萍。

"回想过去的事情，到最后我都做得不错，其实不必在做事前都那么紧张、忐忑，我能感觉到梦里的那种舒适感……那种感觉很好。"丽萍的心情很好。我能感觉到。

梦 的 解 析 ─────────────────────────────────

每个人最难看清的是自己。就像这个梦一样，我们有着诸多的情绪、情结，更深入地了解自己，就能让我们更好地生活。

这个梦我感受到了三个信息：例假、换工作、对自己的不满意。

例假的信息在前面的对话中已经阐述得很详细了，这里不再赘述。我只是凭感觉开的一个玩笑，没想到还真是那么回事。

换工作的信息也是我凭直觉感受到的，毕竟丽萍在梦里做的工作不是现实里的工作，但就这一点也不能证明就是她想换工作。这里希望读者朋友们有甄别的能力。这个信息的真伪在不久后我与小慧的交谈中得到证实，丽萍的确打算换个工作，但因为种种原因最后搁浅。

梦里丽萍在给她的同事做整容手术的时候，出了一点血，她马上就不给同事做手术了，给同事重新粘合起来（我就像刚才做手术那样，划开她的脸皮，和上次不太一样的是出了点血，但不多，我很快擦掉了，以后也没再出血），这让我想到一句俗语"打退堂鼓"，也可以解释为不想继续做那件事情。

前两个信息都有我的感觉在那里，玩玩而已，这对丽萍的成长没什么帮助。最后的这次工作（交流与觉察）对丽萍才是有意义的。

梦中出现的那个模糊的影子，它的象征意义更多的是丽萍对自己不够了解，提示她多关注自己的内心。梦里的那个同事，在这次工作中我并没有让丽萍觉察，这是我的疏忽。在后来的交流中，得知丽萍梦中的那个同事年龄比丽萍小很多，而且很漂亮，她们之间并没有很多的交流。她能出现在梦里让丽萍很意外。我让丽萍去感受，她的觉察是，在她内心也希望自己年轻、漂亮。整容手术本身就是美容，这表示丽萍对自己的外貌不是很满意，缺乏自信。

最后要谈谈丽萍做这个梦的时候，她为自己做手术，很成功和满意，于是会有那种舒适感。这种舒适感在这个梦里是非常重要的，会让丽萍在未来的工作和生活中不再忐忑和紧张。这就是梦带给我们的神奇效果，当然，这需要心理咨询师的陪伴和帮助梦者去自我觉察。

我被野猪咬了

小涵（化名），她是一名特殊儿童救助中心的女老师，今年 30
岁。因人际关系来我的心理工作室咨询。

来访者讲述的梦境

这好像是我小时候生活过的地方。我梦见自己捡到了一个小男孩
儿，后来被人领走了。接着自己又捡到一个小女孩儿。小女孩想去厕
所，我带她去了。到了有厕所的地方后，我们发现厕所像车子一样开
走了。我只好带她再找。我又找到了一个卫生间，刚走到门口，这时
一只野猪冲小女孩跑过来，我把小女孩拉到了里面的位置。野猪马上
咬到我的手，我很着急，一生气把猪嘴掰开了，被掰成了两半。野猪
死在厕所门口，流了很多血。现在又出现了一位 20 多岁的姑娘，她

报了警。警察来了好像很平静，很理解我似的。这时我发现自己右腿小腿和左腿大腿处被野猪咬了。警察调查了很久，我很纳闷，他们为什么不建议我去打狂犬疫苗呢？我一直想着打疫苗的事情，就醒了。

🌳 与来访者交流

"看着那个被人领走的小男孩儿，你有什么感受？"我问。

"我感觉那小男孩儿很可爱、机灵、自信，很有生命力。"小涵回答。

"那个男孩儿被领走，你什么感受？"

小涵想了想说："我觉得我好像被掏空了。"

"嗯，这种被掏空的感觉会让你想到什么？"我继续询问。

"我觉得与我的自信和能力有关吧，我感觉被掏空了，就什么也做不了了。"

我的直觉告诉我，这个梦是关于人际关系的，"做这个梦之前，在你身边发生过什么特别的事情没有？"我继续问小涵。

"前些天我跟一个女同事发生了不愉快的事情，现在好了。"

我："现在好了，那是什么意思？"

小涵："前几天我安排工作，我的同事李娜（化名）不听从我的指派，"她右手攥起的拳头松弛下来，"第二天我找她谈心，后来她听从我的安排去工作了。"

"男孩儿代表着自信、有生命力，被领走了，也就是失去了自信心和心理力量。"我看着小涵自言自语。

小涵低下头，看着自己的膝盖，喃喃地说："这件事让我感到很虚弱，的确有这种感觉。"

"你感觉一下你捡到的小女孩儿，看看有什么感受？"我引导着。

"很可爱、可怜……嗯，就这些。"小涵点点头，看着我说。

"嗯，我还能感觉到一些无力感。"我看着小涵。

"是的。"小涵点头。

"小女孩儿的可怜或无助感……这种感受与你和同事之间发生不快的感受有什么不同吗？"我问。

小涵想了想说："好像没什么不同，很像。"

我继续问："厕所能让你想到什么？"

小涵皱着眉头说："肮脏、厌恶的感觉。"

我："如果厕所象征肮脏、厌恶、焦虑、羞愧、窘困体验。想上厕所的小女孩儿，会有什么感受？"

小涵："有些不知所措、焦虑的感受。"

我："小女孩儿的这种感受与你和同事发生不快时的感受有什么不同？"

"很像……嗯，很像，"小涵说，"小女孩儿想尽快排便，这让我想到快些调整自己的情绪，因为我的情绪会影响我的工作。"

我："想把你与同事之间发生不快时的不良情绪排泄掉？"

"嗯，"小涵点头，"我发现我的工作不像预想的那么简单、顺畅。"

我："所以梦里，那个厕所开走了，小女孩儿无法排泄，或者说你没办法发泄你的情绪——只能憋着。"

"嗯，感觉是这样的。"小涵感受着说。

我想了想，又问小涵："这个梦醒来后，你是否有尿急？就是醒来后是否去了卫生间？"

"没有。梦醒了，我记录下来，之后又睡了。"小涵说。

"嗯，如果梦醒后你去了厕所，也许是你在梦中只是简单的尿急而已。"我补充说。

"事实上我醒来后没有去卫生间，而是记录梦境后，又躺下了……我的感受应该还是无法排解自己当时的情绪。"小涵悠悠地说。

小涵按我的要求，靠在沙发上，全身很松弛的样子，刚刚握紧的拳头，此时也放松下来。

"小时候生活过的地方，象征意义是你自己的内心世界。"我斜靠在沙发背上对小涵说，"在 2 至 4 岁时，你有什么记忆吗？或者说发生过什么事情。"

小涵眼望着天花板，想了想说："小时候，好像是妈妈管得我很严，我好像在哭，但不记得什么了。"

"也许与大小便有关。"我也看着天花板（这种细微动作的跟随是很有必要的，这能促使来访者情绪更加放松，进入自由联想的状态），若有所思地说。

"对了，我有种很害怕、很羞愧的感觉……也许，是尿床。"小涵的脸有些泛红。

"嗯，在单位发生的这次事件，使你有窘困感和羞愧感，这其实就来自你幼儿时的情绪体验，也就是说，现实的刺激唤醒了你幼儿时的一些原始情结。"我点头。

"看着野猪，它是什么样子的？有多大？"我问。

"不是很大，胖胖的，身上有些花纹，很俗气。"小涵又皱了皱眉头，这个表情我看得很清楚。

"有獠牙吗？"

"没有。"小涵说。

"你的那位女同事是不是喜欢穿花哨的衣服，个儿不太高，她有些胖。"我猜测。

"是的，是的，你怎么知道？"小涵很惊讶，忽然她"啊"了一声说，"我知道了，那个野猪的形象酷似我那位同事。"她小声笑起来。我也微笑着看着小涵。

"野猪也代表着野性、愤怒，这里的象征意义是那位女同事，也是你愤怒的情绪。野猪的嘴被你掰成两半儿，这也代表着你内心与那位同事分道扬镳，不想再交往或接触的想法。"我看着皱着眉头的小涵问："这里你提到了'血'，看着血，你想到了什么？或有什么感受？"

"感觉很爽快，没有恐惧和害怕，有种被理解的感觉。"小涵的面部表情很平静。

"嗯，很爽快、被理解。"我重复着小涵的话，继续说，"血的意象在这里也许象征着经血。你梦中的警察是男的还是女的？"

"男警察。"

"你看着这个男警察，他像谁？或者让你联想到什么？"我用更加舒缓的语气问。

"不认识，但有些像爸爸，但肯定不是爸爸。"小涵笃定地说，"又有些像妈妈，因为妈妈对我很严厉。"

"你第一次来月经时，是否被父亲看到？因为你的梦境中有男警察和血的意象。"我的口气就像一位慈爱的父亲。

"记得我13岁的时候吧，当时妈妈不在家，去姥姥家照顾生病的姥姥，我发现内裤有血，很害怕。爸爸在书房看书，我没敢告诉他。中午吃饭的时候，爸爸说我的脸很苍白，是不是不舒服。我点头说是有点不舒服。爸爸看了我一会儿，告诉我，如果女孩子内裤有血不要害怕，那是正常的。我想哭，爸爸就出去给我买了卫生巾，还给妈妈打电话，让妈妈告诉我些事情。"

"父亲和你说这些话的时候，你什么感觉？"

"有些不好意思，但妈妈给我打完电话，我就坦然了。"小涵的表情像个十三四岁的小女孩儿，有些害羞，但情绪很平静。

"父亲对待你第一次初潮时表现得很理解，所以梦里的警察看到血，也表现得很理解，这是说，你的这次事件唤醒你小时候的情结，爸爸的理解使你对接下来与那位同事之间的和解起到实质性作用。"我点头。这种表情和态度的支持，可以缓解小涵在现实事件的刺激中所带出的小时候的消极情绪。

"野猪咬了你的右侧小腿和左侧大腿，这两个部位能让你想到什么或感觉到什么？"我饶有兴致地问。

小涵想了想说："没有感觉，也不痛，是我杀了那头野猪后才发现腿上有血的。"

"这也就是说，是不是野猪咬的，你不清楚?"

"是的，不痛，也不知道怎么弄上去的血渍。"

"初潮的时候，是否弄到腿上一些血渍?"我认真地问。

"嗯，是的。那时刚睡完觉起床，发现大腿和小腿都有一些血迹，不知道怎么搞的。"小涵咧咧嘴说。

"那时的感觉是什么?"

"脏、怕人看见、感觉不舒服，也不敢从自己的房间出去，我只好偷偷跑到卫生间拿了水和卫生纸擦掉。"

"感觉不舒服、不敢出房间……这些是你与那个同事发生不快之后，你的感觉，对吗?"

"对，是那种感觉，不想见人，好像很不舒服的感觉。"

"嗯，这个意象也象征着你当时无法去面对那个女同事，双腿被牵绊，无法行动。血也代表着失去行动力、腿部受伤的人无法行走。"

"嗯，是的。当时我真的不知道该怎么处理，但最后我还是找她谈心了。"

"你的右侧小腿和左侧大腿也代表着一些其他的事情，血渍在腿的内侧还是外侧?"我问。

"记不清了，好像都有一些吧。"小涵不太确定的样子。

"如果腿的内侧有血迹，那是肝经有些问题，即肝火旺，乳头或膝盖会有疼痛感，也会表现出焦虑。如果是腿的外侧，很有可能是你的胃不太好，也就是胃火重些，表现的是腹胀、胃反酸或胃脘痛。"我看着小涵问，"你有这些问题吗？"

"真的呀，我的胃不是很好，也真的很焦虑。"小涵又表现出惊讶的神情。

"其实没什么可惊讶或感觉神奇的，"我笑了笑说，"中医的理论只要懂一些，你就不会觉得很神奇了。"

小涵很茫然的样子。

"懂得一些人体经络的知识，就简单了。"我进一步解释说。

小涵点头。

"20多岁的姑娘让你有什么感觉或印象？"我转移了话题，继续询问。

"没有太大的感觉，只是觉得很熟悉，但不知道是谁。"

"在20岁左右的时候，你发生过什么事情吗？让你记忆深刻的。"我问。

"那个时候父母身体不太好，我上大一，一有时间我就会跑回家看父母，觉得自己长大了，可以照顾父母了，同时心里也很害怕，怕失去父母。"

"嗯，缺乏安全感和焦虑。"

"是，但我也长大了，可以帮助父母。"小涵点头。

"嗯，那个20多岁的姑娘和警察是你的意识觉察，也就是精神分析中所说的自我和超我意象。"我一面向小涵点头，一面继续说道，"这个梦是你的无意识对这几天所发生的事件一次完整的叙述和潜意识自我整合的全过程。这里面有你幼小时的情结所引发的情绪，也有你青春期时的情绪——怕失去父母而缺少安全感。"

"你感觉一下疫苗，那是什么感受？"我说。

"您这么问，我想起了我孩子打疫苗的情境，也许是预防疾病，可以健康成长吧。"

"嗯，很有道理，希望自己以后有能力预防这种不愉快事件的发生。"我点头。

"嗯。"小涵若有所思。

"你能自主地改变你对那个女同事的态度，真诚与她交流，当然交流也是交心的过程，你就发现她会支持你的工作，不是吗？"我点头，"潜意识提供给你的信息是重现你的人际关系模式（你与野猪之间的战斗，也就是你与那位同事之间发生的事件），从而改变原有的人际交往模式（提醒你去改变与同事之间的关系）。"

◆ 梦 ◆ 的 ◆ 解 ◆ 析

这个梦是以人际关系为主题的，是潜意识提醒梦者去发现自己原有的人际关系模式，从而改变旧的模式的梦。

小女孩儿的意象，是梦者一个没有长大的子人格，她的象征意义是梦者缺少安全感，心理力量不够强大。可爱、纯真、胆小、脆弱、无助感是小女孩的象征意义。

这是梦者的无意识对自己与女同事发生矛盾事件的一次完整的表达。事件中给梦者带来的心灵伤害和内部的自我整合，同时梦者的无意识也有反思，就是用不用打针预防。梦者的这个反思是告诉自己，需要反省自己的思维、行为模式，用以调整今后对待类似事件时的态度。

厕所的意象在这里代表着厌恶、焦虑、羞愧、窘困的体验；"厕所像车一样开走了"代表着无法宣泄的情绪使梦者更加焦虑；对于男孩儿的意象，是梦者生理成熟过渡期的一些心理反应。之前那个被人领走的男孩儿，是梦者在性别认同时期产生的一个形象，也就是前俄狄浦斯期。[1]这个时期的孩子开始对自己的性别产生认同，开始不清楚自己是男孩儿还是女孩儿，后来知道了自己是个女孩。我觉得，被领养的小男孩儿的象征意义是，梦者的自信和生命力被这件事情（与下属发生矛盾这件事）削弱了。当然，小男孩儿的意象普遍意义上代表着活力、积极、行动、阳性、欲望、侵犯、攻击、蓬勃等，在这里的象征意义是无法发泄的攻击欲望和失落感，最后梦者是以掰开野猪的嘴巴来释放这种愤怒情绪的；野猪象征着凶猛、野性、性和攻击性，在这里的象征意义是那位女同事的代表；血的象征意义有很多，像经血、金钱、身体健康状况、收获、付出、心力交瘁、性、解脱、释放、幸福、爱、愤怒、恐惧、辛劳、生与死和罪恶感等，在这里象征着经血、愤怒、心力交瘁和经络的不通畅。现实的身体状况，在梦中也会有所预示，这是潜意识提供给意识层面的一些信息，就像梦者的胃火过重，潜意识通过"血"这一意象来提示梦者经络受阻的信息；小女孩儿想上厕所，这是寻找安全感的意象，与肛欲期[2]有关，肛欲期牵连的是个人的自主感和社会适应能力。上厕所的小女孩儿，也是梦者焦虑情绪和欲求被接纳情绪的意象。厕所像车子一样"开走"了，以至于小女孩儿无法大小便，这也是梦者对工作人际关系的担忧和焦虑，渴望被接纳，因为梦者发现工作并不像她预想的那么顺畅。小女孩儿的普遍意象也象征着阴性、消极、性、脆弱、没有力量和寻找安全感，因为梦者本身的工作就是特殊儿童救助中心的老师，接触无力感、脆弱的孩子本来就很多；腿部有血，也是潜意识提示给梦者身体部位存在健康问题和工作中人际关系的受阻；20多岁的姑娘是梦者的一个子人格，也是精神分析中的"自我"，梦者在20多岁时的经历，使她在无助中变得成熟，也为她处理接下来的人际关系起到积极作用；警察的形象是梦者的另一个子人格，也是精神分析中的"超我"，这一形象主要起到了对发生事件的道德与职场规范的潜意识评估作用；打疫苗的象征意义是避免疾病、预防事件向不好的方面发展等。

这个梦也告诉我们，从梦者的成长史上看，心理基本是健康的，这受益于梦者原生家庭的健康发展模式。

注释：

（1）俄狄浦斯情结又称"恋母情结"，是精神分析学的术语。由精神分析学的创始人——西格蒙德·弗洛伊德——提出，儿童在性发展的对象选择时期，开始向外界寻求性对象。对于幼儿，这个对象首先是双亲，男孩一般以母亲为选择对象，而女孩则常以父亲为选择对象。小孩做出如此的选择，一方面是由于自身的"性本能"，同时也是由于双亲的刺激加强了这种倾向，也是由于母亲偏爱儿子和父亲偏爱女儿促成的。在此情形之下，男孩早就对他的母亲发生了一种特殊的柔情，视母亲为自己的所有物，而把父亲看成是争得此所有物的敌人，并想取代父亲在父母关系中的地位。同理，女孩也以为母亲干扰了自己对父亲的柔情，侵占了她应占的地位。因此，同样也有"恋父情结"。

（2）肛欲期（约 2～4 岁）：弗洛伊德把精神结构发展的第二个时期称作"肛欲期"，将心理发展与生理功能的发展联系在一起。1 岁左右的孩子通常都要接受大小便的训练，随着括约肌的发达，孩子开始能在一定程度上控制自己的大小便，大便的积累造成强烈的肌肉收缩，当大便通过肛门时，黏膜产生强烈的刺激感，这样的感觉不仅是难受，也能带来高度的快感。另外，大便对婴儿还有其他的重要意义。对婴儿来说，大便是他身体的一部分，排出大便相当于做出"贡献"或献出"礼物"，而且，通过排便，他可以表达自己对环境的积极服从，而憋着时则表达的是自己不肯屈服。因此，从主客体关系的性质来看，大便在某种意义上变成了孩子与父母或成年人保持关系的一种工具，孩子们感受到他能在一定程度上影响周围的人和环境。此期母子二元关系逐渐开始解体。这个时期，孩子学会了走路，能用简单的词语交流，开始体会到了自主性，他们开始学会观察环境、探索环境、摆弄玩具，寻找过渡性客体，如毛绒玩具、枕头、指头等。

孩子的肛欲期一般经历两个月左右就会结束，肛欲期的结束，标志着孩子的性心理向着下一个阶段——生殖器期迈进。在这两个月中，如果成年人对孩子大小便的训练太严厉，孩子就会感觉紧张，心理压力大，会扰乱孩子控制大小便的自然节律，孩子将大小便解在裤子里的次数就越多，肛欲期拖延的时间也就越长。有的孩子几个月甚至半年多都不结束肛欲期，孩子的性发展就出现了停滞状态。同时，在未来的生活中，一旦有突发事件或挑战性事件发生，人就会出现大小便紊乱，出现紧张和不安的情绪症状。

睁一只眼，闭一只眼

孙志（化名），今年 42 岁了，是某大学的教授。他的童年是在非常强势的母亲的陪伴下长大的，以至于在未来的生活中，见到强势女性就很头疼，有时也很愤怒，还有种想逃跑的感觉。我和他已经工作（心理咨询）了 6 次。他的问题有了很大的改善。

来访者讲述的梦境

我梦到自己在父母家。我所在的房间是我青少年时期住过的地方。我坐在一把椅子上。这时，舅舅家的两个姐姐来了。我心里很不舒服，因为我不想见到她们。于是我就装着坐在椅子上睡觉。不过，我的眼睛是一只眼睛睁着，一只眼睛闭着，很像睁眼睡觉的那种感觉，但现实生活中我从没睁眼睡过觉。过了一会儿，舅舅家的大姐来我的房间和我说话，我依然装睡，心里想，这样就可以不理你们了。后来大姐继续和我说话，我装不下去了，索性就睁开眼睛面对她。之后就醒了。

🌳 与来访者交流

我："你最后睁开了眼睛面对舅舅家的大姐?"

"是的。"孙志点头。

"回想一下，当你睁开眼睛的时候，你有什么感受?"我继续询问。

孙志闭上眼睛，感受了一小会儿说："睁开眼睛的时候我很平静。"

"嗯，睁开眼睛的时候你很平静。"我确认。

"是的。"孙志很肯定。

"那种平静的感觉能再感受感受吗? 看看那是怎样的一种平静。"我建议。

孙志感受了一会儿说："就像刑场赴死时的那种坚毅的平静。"

我："坚毅的平静……像勇敢地面对死亡。"

"呵呵，"孙志笑了笑，"虽然不是面对死亡，但感觉是这样的，是坦然面对的感受。"

"嗯，让我们回到这个梦里来……你说舅舅家的两个姐姐来你青少年住过的家里，能详细说说吗?"我问。

"我青少年时期住过的房子……那个时候我与父母住在一起，是三间瓦房，东面一间大屋，是爸爸妈妈住的，向西是走廊，走廊尽头向西是厨房，我在走廊西侧的房间住。"孙志回忆着说。

"是不是过去的那种老式格局，房门进来是走廊，父母住在东面，你住在西面，父母的房门与你的房门都在走廊上，你的房门向东，父母的房门向西，对吗？"我在纸上画着房间的草图。

"对，对，是这样的。"孙志点头。

"两个姐姐来你家想做什么？"我问。

"感觉是来看我爸爸、妈妈的，她们每年都会来我家几次看我妈妈和爸爸。"孙志说。

"你是怎么看到两个姐姐来你家的？"我继续询问细节。

"我坐在椅子上，面向着窗户，我看到她们走进来的……嗯，她们是板着脸走进来的。"孙志边感受边说。

"你说她们板着脸……给你什么感受？"我问。

"自以为是、不屑、牛气。"孙志回答得很干脆。

"自以为是、不屑、牛气……这些感受会让你想到什么？"我问。

"母亲……我想到妈妈。"孙志说。

"嗯。"我点头。

"刘老师，我对母亲的情绪缓解了很多，怎么还会做这样的梦？"孙志有些茫然地问。

"你觉得呢？"我反问。

"我也不清楚啊……特别是梦中我睁一只眼闭一只眼的感觉，很奇怪。"孙志自言自语。

"一只眼睁着，一只眼闭着，你什么感受?"我说。

"很舒服的感觉。"

"在梦里，你睁着哪只眼睛?"我继续问。

"右眼睁着。"

"睁着眼睛代表着什么呢?"我自言自语，"闭着眼睛又能代表什么呢?"

孙志靠在沙发里，闭上了左眼。过了一会儿，他说："右眼能看见，左眼看不见。"

"睁一只眼闭一只眼的解释是象征着对一些事情佯装没看见，选择无视，姑息纵容，或不求甚解，不了了之的意思。"我看着孙志问，"你的感觉是什么?"

"我的感觉是闭上眼睛不想去面对，睁开眼睛是可以面对，"孙志忽然像想起了什么，"对了，我舅舅家的那两个姐姐也和妈妈差不多，很强势，我不喜欢。"

"嗯，"我说，"在梦里你假装睡觉，你想这样就可以不理她们了，你的感受是什么?"

"好像还是不愿意面对她们的强势，"孙志又像想起了什么，"还有，我忽然理解为什么我对我爱人经常发脾气了，因为她有时说话的口吻就像我妈妈。"

"你最近还和妈妈发脾气吗?"我问。

"没有，自从我和您工作了几次后就不和妈妈发脾气了，但是转移到爱人身上了，以前我不爱搭理爱人，这回我想明白了，是因为她有时也像妈妈，很强势。"

"嗯，"我若有所思，"如果左眼代表思考，右眼代表感受，这说明什么呢？"

"梦境中，我右眼是睁着的，这或许是说我开始感受自己的状态了。"孙志说。

"也许吧，"我点头，"再让我们看看你的那两个表姐吧，你会想到什么？"

"我感觉她们和妈妈、我爱人是一样的人。"孙志说。

"嗯，"我笑着点头，"做这个梦的时候是几天前的事情，在做完这个梦之后，你与爱人的关系怎样？"

"最近几天我能理解我的情绪了，我和爱人也没再发脾气。"孙志说。

梦 的 解 析

其实，我在与孙志工作几次之后，他已经能够面对强势的母亲，不再那么愤怒了，这是在心理咨询中，潜移默化达到的效果，或者说，孙志的无意识已经接纳和理解了自己对强势母亲的愤怒情绪。

在这个梦境里，并没有直接出现母亲与爱人，而是通过舅舅家的两个姐姐体现出来。我的感受是，大姐姐极有可能是妈妈的代表意象，而小姐姐很像爱人的代表意象。

青少年时期住过的地方，它的象征意义或许是过去的经历。

"舅舅家的大姐来我的房间和我说话"这更像母亲与梦者之间的

交流模式。

"睁着右眼"是把精力放在感受上。

梦境中的"装睡"和"睁一只眼闭一只眼"可以理解为梦者过去应对母亲的策略——逃避。

关键是这个梦的最后部分"我装不下去了，索性就睁开眼睛面对她"，梦者在逃避不了的时候，开始去面对。当我引导梦者去感受的时候，他的感受是"就像刑场赴死时的那种坚毅的平静。"这是从容地面对。一旦从容面对，梦者就会成长。

堕胎的罪恶感

　　梦者：晓君（化名），女，36 岁，离异，无子女，职业为心理咨询师。

　　晓君离异前曾怀过一次孕，两个月的时候她打掉了。当时她知道怀孕了，很紧张，她没有告诉丈夫这件事，而是偷偷打掉了孩子。因为她的家族有些隐性的遗传基因，她怕自己的孩子生下来不健康，再有一个原因是，她感觉与丈夫的婚姻不会太长远。

　　晓君来访的目的是解决自己的焦虑情绪和心灵成长。这个梦是在她第三次来访时告诉我的。

来访者讲述的梦境

我梦到自己牵着一个 7 岁小男孩儿的手，从监狱往外走。小男孩儿好像很不开心的样子，我觉得和他的关系很近，但又不知道是什么关系，感觉有些怪怪的。我们在监狱的一块空地上，看到很多人从麻袋里往外倒黄豆，那些黄豆好像是炒熟的，我就拿了一些给孩子吃，我看着他吃得津津有味，自己也尝了尝，发现很好吃，于是就回去又拿了一些，这时我发现孩子的情绪好了很多，我也觉得与他的关系越来越亲近了，心情也变得好起来。我们俩边走边吃，很愉快的感觉。之后就醒了。这个梦记忆很深刻，我还能感觉到那种边走边吃，惬意的感受。

🌳 与来访者交流

"你和小男孩儿的关系很近，但又感觉怪怪的。那是什么意思？"我问。

"说不清楚，就是怪怪的。"晓君摇了摇头，又点了点头说。

"你说过你怀过孕，把孩子打掉了。记得我们第一次工作的时候，我让你面对想象中的孩子，你很抗拒，后来虽然你面对了，但我感觉到你内心很混乱，是吧？"

"嗯，是很混乱，我不想接受孩子，因为觉得一直都没做好准备，我当时的感觉是：自己还是个孩子呢，怎么能做母亲呢。"

"这只是你的托词，我觉得你真正的意思是怕孩子有遗传的疾病，再有就是内心没有接纳你的丈夫，也就是你没有接纳你的上次婚姻。"我看着晓君继续说，"其实，当你真的能从心里承认上次婚姻带给你的一切，无论是你认为好的或不好的事件都是你的经历，是生命的过程，当你认同这一切的时候，也就是你心灵得到成长的时候。"

"嗯，我有种轻松的感觉。"

"当然，炒熟的黄豆会让人放屁的，而放屁是上苍赐予我们的功能。这种释放是会给你带来轻松的感受。对于人生，有很多事情是我们放不下的、纠结着的，但一旦放下，我们会发现生活原本如是。"我笑着说。

"但那个小男孩儿又具有什么象征意义呢？"晓君问我。

"嗯，这个小男孩儿的意象，给我的感觉是你的第一次婚姻，同时也代表着那个打掉的孩子。毕竟怀孕是夫妻双方的事情，你没有告诉丈夫，这是对他的不尊重，也是对自己的不负责任。"我为晓君添了些茶水，说。

晓君听着我的话，忽然眼睛睁大了一些说："是的，是的，我从结婚到离婚，正好是 7 年的时间，怪不得我知道那个小男孩儿是 7 岁呢。"

我也没想到会有那么巧，"也许梦真的可以那么细致地记录生命的历程吧。"我点头。

"我怎么会梦到监狱……哦，对了，我以前有个机会，但我没有去，就是当狱警。"晓君说。

"嗯，我很想知道，你和 7 岁的小男孩儿在监狱里走路，那是要去哪里？"我向前探了探身子问。

"不知道，只是在走。"晓君想了想说。

"放松你的身体，就像上次我们做催眠那样，进入到完全放松的状态。"我看着晓君闭上眼睛，继续说，"让自己进到那个状态里……很宁静、很放松、很安全……看着你和那个 7 岁的小男孩儿，他们要去哪里？"

晓君的眼皮抖动起来，缓慢地说："他们在监狱的广场上走，很开心的样子，他们在向着大门走。"

"嗯，向着大门走。"我跟随着。

"嗯，他们走出大门了。"晓君的脸上露出一丝微笑。

"他们走出大门了……很好，就在这个状态里待一会儿……他们走出大门了。"我慢悠悠地说，仿佛我也能看到两个人的背影消失在监狱的大门外。

"他们俩走出了大门，向我挥手道别。"晓君说，"我有种恋恋不舍的感觉……但感觉轻松了很多。"

晓君松了一口气，我也感觉到一丝轻松。

梦 的 解 析

这是一个释怀的梦。由于堕胎而纠结的情绪在这个梦里得到释放。这与前两次的工作是有关系的。

梦里那个小男孩儿和晓君自己在买炒黄豆，边吃边走，感觉很温馨、惬意。梦的语言很含蓄，这里并没有放屁的梦境，而吃炒黄豆必然会产生身体排气的现象，这告诉我们的是舒缓和疏导情绪，使内心不再纠结。

梦中的监狱是囚困心灵的地方。引导来访者想象着走向监狱的大门，这个过程就更具治疗意义。内心的整合往往就这么简单，同时又是那么不可思议。

让本该接纳的接纳、本该理解的理解、本该释怀的释怀、本该同意的同意。在意识层面做到这些不太容易，但在无意识里，通过对意象的引导，就会产生很大的变化，使人的情绪不再过分纠结。放下是种智慧。

逛商场

张军（化名），男，44 岁，企业老总。父母身体健康。有一个姐姐。他因恐惧，与我咨询过 21 次，这个梦是他与我工作第 17 次的时候讲给我的。

来访者讲述的梦境

我梦见我和爸爸妈妈还有姐姐去逛商场。因为爸妈走得慢，所以姐姐只能陪着他们慢慢逛。我有些着急，想去看更多的东西。我比较喜欢花草树木和观赏鱼，所以，我就自己去别的楼层逛了。逛了一会儿，怕爸妈找不到我，我就回去找他们，当我有这个念头的时候，就看见爸妈和姐姐在二楼的楼梯口出现，我放下心来又去一层楼逛。逛了一会儿，心里又不托底了，我就进了电梯，打算直接到四楼找他们。感觉这个商场就四层楼。当透明的升降梯启动的时候，我看着地面有些害怕。哦，对了，现实生活中我有恐高症。我手把着电梯一侧的扶手，很紧张，怕摔下去。心里知道那是不可能的，但还是非常紧张。就这样我捱到了四楼，走出电梯，我一边闲逛，一边寻找爸爸妈妈。这时我碰到了一个售货员，他大概60岁左右，下巴留着很长的白胡子。他问我是不是丢了很多东西。我说没有。他拿出很多衣服给我看，问我是不是我的。我一看那些衣服，觉得很像我的，再仔细一看，发觉都是我的衣服，有小时候穿过的，也有最近穿过的，很大一个包袱里都是我的衣服。我一面拿起这个包袱，一面心里惦念着爸爸妈妈。之后就醒了。

与梦者交流

"一面拿起这个包袱，一面心里惦念着爸爸妈妈……你记得那个时候你的心情是怎样的？"我问张军。

张军："很焦急。"

"焦急什么？"我问。

"手里的包袱很沉重，我又急于找到爸爸妈妈，走得慢，让我很焦急。"张军回忆当时的感受说。

"这个感受对于这个梦或许很重要。"我眯起眼睛说。

张军愣愣地看着我，未置可否。

我建议说："让我们回到梦的开始吧。"

张军点头。

"首先我想了解一下你父母和姐姐的状况。"我看着张军。

"爸爸今年86岁，妈妈85岁，他们身体很健康，可以单独逛街的。"张军看着我说，"姐姐离婚了，现在和爸爸妈妈一起住……这样也好，她可以照顾爸妈。"

"嗯，做这个梦之前发生过什么事情吗?"我看着张军的眼睛问，"关于父母的事情。"

张军眼睛亮了一下说："做这个梦的前几天妈妈得了场重感冒，没什么大事儿，打了几针就好了……不过，倒是吓了我一大跳。"

"怕妈妈会死?"我问。

张军重重地点头："是的。"

"感受一下你担心妈妈会死的感觉与你梦中寻找爸爸妈妈的感觉有什么不同?"我看着张军问。

"好像……好像没什么不同……嗯，一样的感觉……焦急、焦虑。"张军的眼睛又闪烁了一下。

"嗯，一样的感觉。"我确定。

"嗯，是的。"张军点头。

"那些花草树木和观赏鱼给你什么感受?"我继续问。

张军闭上眼睛，感受着说："很舒服，充满生机，无忧无虑。"

"无忧无虑、充满生机……很舒服的感觉，"我也在感受张军的感受，"看着这些，你会很安心，对吗?"

"嗯，感觉时间仿佛静止了。"张军的脸上有一丝祥和的表情。

"时间静止了，就不用想那些烦恼的事情……也不必去害怕什么了。"我看着张军的面部。

"是的。"张军的面部越发松弛下来。

"可以从这种状态里暂时出来一会儿。"我建议。

张军睁开眼睛，用有些茫然的眼神看着我。

我向他点头，"现在姐姐在爸爸妈妈家住，你有什么感觉?"

"很安心……我一天到晚很忙，没有太多时间去照顾爸爸妈妈……有姐姐在，我安心了很多……我会拿出5000元给姐姐，做家用。"张军很踏实的样子。

"听说你的爸爸妈妈是建国前参加工作的，他们不需要你的钱过活吧?"我问。

"是的，其实，这些钱是我给姐姐的劳务费……我没当着姐姐说是劳务费，我也知道爸妈不会让姐姐花钱买东西。"张军笑了笑。

"嗯。"我理解地点头，"那些衣服，就是你从小到大的那些穿过的衣服给你什么感受?"

张军又闭起眼睛，"现在回想……那些衣服让我感觉到我的成长经历。"

看着张军睁开眼睛，我继续点头，"我们上次心理咨询中曾探讨过心灵成长，也就是向内求索的过程。有个人曾说过，我们从出生就把自己丢失了，所以我们在求索，在寻找丢失的自己……你还记得吧?"

张军点头。

"那些衣服像是你的过往，你的经历……再感受一下那些衣服。"

我建议。

"嗯，感觉到我的经历，很清晰的经历。"张军点头。

"接下来再感受一下那个白胡子售货员，他给你什么感受？"我问。

"没什么大的感受……他就像一个智者……嗯，像一个有智慧的人。"张军点头。

我为张军加了些茶水。之后我建议："让我们再来感受一下你在升降梯里的感觉吧。"

张军喝了口水，闭起眼睛，让自己进入梦境中，去感受，"很恐惧，害怕自己会摔下去……怕死。"张军睁开眼睛大声喊了起来。

我笑着点头。

"我害怕爸爸妈妈会死，他们年纪大了，我在害怕他们的死亡……还有，我一直以为我是不怕死的，可刚刚……就在刚刚我感觉到……感觉到我是如此地害怕，怕自己会死去……"

张军那天说了很多话。我能感觉到他的恐惧感在那些话语里、在那些情绪里越来越少。

梦 的 解 析 ──────────────────────

在与梦者交流的时候，我首先问张军在梦中的感受，他说很焦急。这个感受是梦中很重要的部分。张军来工作室求助我的原因就是恐惧，而这个梦揭示了他的恐惧原因。当然，造成这种恐惧的源头还是他童年时的创伤，这里就不再赘述了。

这是一个因害怕死亡而导致焦虑的梦。

逛街、逛商场，那是人们聚集的地方，也是商品的集散地，这让我们想到的是生活，是尘世间的生活。梦中的姐姐，多少给梦者一份踏实的感觉，那是因为姐姐可以代替他照顾父母，但这只是一点踏实的感觉，并不是真正的踏实感。

至于那个留白胡子的售货员，让张军感受的时候，他感受到的是智慧，在这里，我们可以解释成那个白胡子售货员是张军的智慧老人。智慧老人是引导张军内在成长的潜意识功能。

在这个释梦的工作中，我做得最多的就是让梦者去感受梦境中那些意象带给梦者的感受。这些感受对于梦者是最重要的，也是最不容易出现偏差的，因为那是梦者自身独特的感受。它只属于梦者自己。梦里的包袱很沉重，我没让梦者去感受，因为那份沉重感我们都有，那是对生命课题的探究和感悟，不是吗？

黑色森林

小晨（化名），男，33 岁，企业高管。因恐惧来我的工作室寻求帮助。以下的梦是小晨与我工作第六次的时候讲给我听的。

来访者讲述的梦境

我梦见自己来到一座大山上。山上都是黑压压的森林，好像被火烧过，有些地方能看到焦炭一样的树根。我走在森林里，森林里很暗，但能看到道路。我顺着山间小路一直往山上走。来到一个小湖，我脱掉衣服走进去，感觉我就像个婴儿，躺在湖水里。之后，稀里糊涂地就醒了。

与来访者交流

"走在大山上黑压压的森林里，你的感受是什么？"我问。

"有些莫名其妙的害怕，还有一些好奇。"小晨说。

"有些莫名其妙的害怕，还有一些好奇，"我看着小晨，"感受一下，你去这座大山上干什么？"

小晨："说不好，好像是要回家。"

我："想要回家……感受一下小晨的家在哪里？"

小晨："好像就在那个小湖里……这很奇怪。"

我："再感受一下，那些黑色的森林给你什么感觉？"

小晨："还是有些害怕，但还是想走进去。"

"还是有些害怕，但还是想走进去，"我问小晨，"那些焦炭一样的树根给你的感受呢？"

小晨："恐惧，我想离它们远远的。"

"想离那些焦炭一样的树根远远的……恐惧，"我跟随，"这些焦炭一样的树根能让你想到什么？"

"绳子。"小晨的回答很干脆。

我："在现实生活中，小晨很怕绳子吗？"

小晨："没有啊，现实生活中我不怕绳子，但是怕蛇，是超级怕的那种。"

我："蛇咬过你吗？"

小晨："从来没有。"

我："从来没有。"

小晨："是的，但是我记得有一次去公园，公园里有马戏团表演，一个驯蛇的人拿着一条蟒蛇，我看见就浑身哆嗦。"

我："浑身哆嗦……还有呢?"

小晨："还有，还有就是我喘不过气来，当那个驯蛇的把蟒蛇盘在脖子上，我就喘不过气来。"

我："我曾问过你妈妈关于你小时候的一些事情，你妈妈说你在出生时脐带缠脖子。"

小晨："是的，我也听妈妈说过。"

我："小晨现在回到你的梦境里……你可以闭上眼睛，去感受一下，你看着那些焦炭般的树根，你的身体反应是什么?"

"喘不过气来。"小晨睁开眼睛，下意识地摸了摸脖子。

"嗯。"我理解地点头。

我："我们再来感受一下梦境里的那个小湖，当你脱掉衣服，走进小湖里，你什么感受?"

小晨："很舒服，我就想躺在小湖里不出来，躺一辈子也成。"

我："想在那个小湖里躺一辈子……小湖的湖水是什么颜色的?温度怎样?"

小晨："湖水是黑色的，但很清澈。湖水的温度很温暖。"

我："湖水很温暖，你什么感受?"

"在这里我安全，好像我就应该在这里。"小晨的嘴唇撅了撅，很像婴儿的模样。

我："梦里你说你在小湖里就像个婴儿。"

小晨："是的。"

我："黑漆漆的森林包裹着一个小湖，小晨去感受一下，这像什么？"

小晨："像一个蛋。"

"嗯，像一个蛋，"我点头，"小湖里有一个你，那又像什么？"

小晨闭上眼睛，想了想，睁开眼睛说："像妈妈的子宫。"

"像妈妈的子宫，"我点头，"小晨说不想走出小湖，走出去了会怎样？"

"会死的，想到我要走出小湖就害怕。"小晨说。

我："如果像小晨感受的那样，这个小湖是妈妈的子宫，如果你走出去，会发生什么？"

小晨："会喘不过气来，因为我出生的时候脐带缠脖子……哦，老师，我明白了。"

我笑着点头。

小晨："这就对了，我喜欢黑天，也喜欢阴雨天，不喜欢白天或大晴天，因为我在妈妈的肚子里是黑的，那里很安全，一旦见到亮光我就出生了，出生我就会马上面对死亡。"

"是的，脐带缠脖子是会要人命的，幸好你活了下来，"我问，"这回知道为什么你经常会恐惧了吧？"

小晨深深地点头。

梦 的 解 析 ────────────────────

　　这个梦的意象不多，能够让我感受到的有"大山上的黑森林"、"焦炭一样的树根"、"小湖"、"婴儿"。解析这个梦，要结合来访者的生活经历和背景，脐带缠脖子就是小晨出生时的经历。一般我们会认为，孩子不记得婴儿期的事件，有个术语叫作"婴儿期失忆"。但心理学的很多理论都认为，婴儿期，甚至在母体里的胎儿也存在记忆，只不过这些记忆被遗留在人的潜意识里。小晨在现实生活中经常有恐惧感，而当下的生活又找不出他害怕的根源，小晨的这个梦给了他一次感受婴儿期创伤的机会，让他得到成长。

　　人生中最大的事件莫过于出生和死亡，我们在出生的时候都会有一定的风险，而小晨出生时的脐带缠脖子是更严重的危险，换句话说，小晨的出生直接就面对着死亡。

　　小晨长大后，妈妈告诉过他曾经历了脐带缠脖子的危险，但意识层面的知道是没有实质意义的，咨询师帮助他去体验那次经历，从潜意识上升到意识层面才是最有意义的。

网络的一次释梦

Lucia（化名）。交流前，我问过她的年龄，她告诉我 27 岁。这次交流，除了标点符号外，我没做太大的修改。

Lucia 14：18：12

刘老师，能帮我释一个梦吗？

刘跃辰 心理 14：18：40

可以啊，正好我有时间，写详细了，再发过来。

Lucia 14：19：44

没什么可写的，因为这个梦很简单 。

没有动态，基本只是个场景。

Lucia 14：20：06

我总是梦到我妈妈坐在我家的二楼上，给我织毛衣。

很大的太阳照在她的身上。

Lucia 14：20：17

就这么一个场景我梦了很多年。

Lucia 14：20：31

偶尔就会梦到。

刘跃辰 心理 14：21：10

你妈妈多大年纪了？

你梦境中的妈妈多大？

Lucia 14：21：26

30 岁吧。

Lucia 14：21：32

我妈妈现在 43。

刘跃辰 心理 14：21：52

嗯，现实中你有过这个场景吗？

Lucia 14：22：08

没有，因为我家根本没有 2 楼。

Lucia 14：22：21

但是，不知道为什么，梦里我家里的楼层变成了 2 楼。

刘跃辰 心理 14：22：48

也就是说你家在一楼？

Lucia 14：23：54

我小时候家里是平房，房顶很平，因为打算以后在上面盖2层。

Lucia 14：24：03

可是后来一直没有盖，我家就搬家了。

刘跃辰 心理 14：24：32

你看着妈妈在二楼给你织毛衣，你什么感受？

Lucia 14：25：10

感觉好像很茫然，有点心疼。

因为太阳好大，像是秋老虎的时候的那种太阳。

干燥的热。

Lucia 14：25：36

梦里好像我自己也觉得很热，但是还很茫然的感觉。

刘跃辰 心理 14：26：49

妈妈在织毛衣，你在干什么？

Lucia 14：26：59

没有我。

Lucia 14：27：10

我一直以一个旁观者的角度在我梦里。

Lucia 14：27：14

就像是我在看电影一样。

刘跃辰 心理 14：27：18

嗯，妈妈的表情怎样？

Lucia 14：27：22

看不到。

Lucia 14：27：26

看不清妈妈的表情。

刘跃辰 心理 14：27：39

爸爸和妈妈的关系怎样？

Lucia 14：27：42

不好。

Lucia 14：27：48

离异。

刘跃辰 心理 14：27：50

嗯。

刘跃辰 心理 14：28：03

父母离异多久了？

Lucia 14：28：12

十七八年了吧。

刘跃辰 心理 14：28：21

你和谁住？

Lucia 14：28：55

小时候和爸爸。

但是爸爸总不在家，就是爷爷带着我。

后来 13 岁开始在寄宿学校，之后就一直是自己住。

刘跃辰 心理 14：29：18

妈妈和你有来往吗？

Lucia 14：29：44

有啊。

我妈很疼我。

只不过一年大概只能见一次。

刘跃辰 心理 14：30：01

妈妈再婚了？

Lucia 14：30：10

嗯，是的。

Lucia 14：30：20

可是我开始做这个梦的时候，妈妈还没有再婚。

刘跃辰 心理 14：30：23

她现在生活得怎样？

Lucia 14：30：23

那时候她还很年轻。

刘跃辰 心理 14：30：32

嗯。

Lucia 14：30：41

我大概十岁就开始做这个梦。

Lucia 14：30：45

现在生活得还不错啊。

妈妈。

刘跃辰 心理 14：31：00

看着梦里的妈妈，想象着看着她，你什么感受？

刘跃辰 心理 14：31：19

茫然，还有呢？

Lucia 14：31：22

我不知道。

很茫然。

觉得很热。

Lucia 14：31：32

最主要的就是茫然。

刘跃辰 心理 14：31：48

你家以前是平房。

刘跃辰 心理 14：32：03

你父母离婚你多大？

Lucia 14：32：27

大概 6 岁吧。

后来为了我他们又勉强在一起几年。

可是没有复婚。

Lucia 14：32：36

后来还是过不下去，就彻底分开了。

刘跃辰 心理 14：33：10

也就说，妈妈走后，你才开始做这样的梦的？

Lucia 14：33：24

好像是的。

我记不太清楚了。

Lucia 14：33：27

应该是。

刘跃辰 心理 14：33：56

你看着妈妈在织毛衣。你感觉很茫然、很热。

刘跃辰 心理 14：34：03

还有些心疼妈妈。

Lucia 14：34：09

嗯。

差不多。

Lucia 14：34：30

哦，对了，梦里的太阳很大，但是感觉阳光是白色的。

Lucia 14：34：44

也不是白色，就是不明亮，很朦胧的那种阳光。

刘跃辰 心理 14：34：48

以前家里是平房，打算盖二楼，最后没盖上。

Lucia 14：34：49

我形容不好

Lucia 14：34：56

嗯，是的。

刘跃辰 心理 14：35：26

妈妈搬出去了，一般小孩子会怎么想？

刘跃辰 心理 14：35：43

作为一个小孩子，会想些什么？

Lucia 14：35：50

妈妈没地方住。

Lucia 14：36：00

但是好像没有那么直接地想过。

刘跃辰 心理 14：36：11

当然，梦是无意识在工作的。

Lucia 14：36：11

但是现在会那样想。

当时的情况也确实是那样。

刘跃辰 心理 14：36：39

小孩子一般会觉得，妈妈没地方住了，很劳累，为什么会这样啊？

为什么会离婚？

刘跃辰 心理 14：36：58

你脾气大吗？

Lucia 14：37：13

小时候很大，现在不会。

Lucia 14：37：23

现在不会轻易发脾气。

有时候不知道该怎么生气了。

Lucia 14：37：36

就是压着火气。

刘跃辰 心理 14：38：02

当然，现在你不太敢发脾气。

刘跃辰 心理 14：38：19

你经常害怕吗？

Lucia 14：38：36

嗯，经常，也不能说是害怕，就是紧张，很容易会紧张。

刘跃辰 心理 14：38：47

是的。

刘跃辰 心理 14：38：49

你感觉从妈妈那里你没有得到什么？

Lucia 14：39：01

害怕。

哦，是没有得到安全感吧。

刘跃辰 心理 14：39：20

太阳除了热，你还能感受到什么？

Lucia 14：39：52

好像还有冷。

我不知道怎么形容。

就是好像身体很热。

但是在心里面的是冷的那种感觉。

Lucia 14：39：58

太阳很大，但是阳光是白色的。

刘跃辰 心理 14：40：13

嗯。

刘跃辰 心理 14：40：20

这个梦还需要解释吗？

刘跃辰 心理 14：40：29

你现在结婚了？

Lucia 14：40：31

谢谢您。

Lucia 14：40：32

没有啊。

刘跃辰 心理 14：40：49

在和谁一起住？

Lucia 14：41：00

一直自己住。

Lucia 14：41：13

对门是合租的一个姐姐。

Lucia 14：42：32

今天很谢谢您啊。

刘老师。

耽误您睡觉的时间帮助我，十分感谢您。

刘跃辰 心理 14：42：46

对门是合租的姐姐。

这个梦里有你的孤独感、有无力感，当然，有对妈妈的依恋。这个梦会给你一点好处，就是补偿你失去的东西。

Lucia 14：43：15

补偿失去的东西？

刘跃辰 心理 14：43：18

做这个梦的时候，一般是你无助的时候。

对吗？

Lucia 14：43：24

嗯。

刘跃辰 心理 14：43：38

虽然你还可以见到妈妈，

刘跃辰 心理 14：43：55

但那创伤是你小时候缺乏母爱，所以会通过梦的形式给你补偿。

Lucia 14：44：22

我最近两年已经很少做那个梦了。

刘跃辰 心理 14：44： 41

前些年，你会觉得无助、害怕？你回想一下。

Lucia 14：44：47

是的。

刘跃辰 心理 14：44：53

近两年呢？还会有无助感或恐惧感吗？

Lucia 14：45：41

好多了。

近两年我有了工作，做得还蛮开心的。

我并不觉得是补偿，因为每次做完这个梦，我也不会心情变好，反而会更糟。

刘跃辰 心理 14：45：56

每个人在内心都是孤独的，而你几岁就失去了和妈妈生活在一起的机会。所以，梦到妈妈，会补偿你和妈妈待在一起的时光。

Lucia 14：46：09

哦，是这样啊。

刘跃辰 心理 14：47：44

当然会更糟！你的无意识会想到自己的命运以及自己未来的婚姻会怎样，还会想到妈妈的不容易，以及妈妈其实是爱你的（给你织毛衣）。

刘跃辰 心理 14：48：10

这就是补偿的梦。

Lucia 14：48：19

我明白了。

Lucia 14：48：31

十分感谢您。

刘跃辰 心理 14：49：26

客气。释梦，不是我在这里听了你的梦就瞎解释，梦与个人的经历有关。

Lucia 14：49：58

我经常做梦，有很多早晨起来就忘记了，有些会记得，但是唯独这个梦十多年一直在做。

Lucia 14：50：05

我一直在想为什么，今天才算是明白了。

刘跃辰 心理 14：50：28

这个梦要是给个标题，就是补偿。

刘跃辰 心理 14：50：51

无论现实怎样，妈妈始终是爱孩子的，以后你有了孩子就知道了。

Lucia 14：51：10

我觉得我没有能力生养一个孩子。

Lucia 14：51：17

妈妈的婚姻就是失败的。

刘跃辰 心理 14：51：31

你梦里的妈妈是30多岁，正是她离婚的年纪，离开你的时候。

刘跃辰 心理 14：51：48

理解。

因此你对未来的婚姻没有信心。

Lucia 14：51：48

嗯。

梦 的 解 析 ——————————————————————————

　　这个梦简直短得可以，而且梦者经常做。我们来感受一下：太阳很热，自己也感觉热，太阳呈现模糊的白，表面热，内里冷，像是一种煎熬感；妈妈织毛衣是一种劳作，这种劳作是表达一种情感，一种什么样的情感呢？给女儿织毛衣，是对女儿的一种爱吧。这是梦者无意识觉察到的，她知道妈妈是爱自己的，或者渴望妈妈的爱。

　　妈妈在二楼的房间里织毛衣。二楼是不存在的，这就给了我们几个不同的感受：担心妈妈没地方住、妈妈在梦者的心上（梦者住在一楼，妈妈在二楼，在梦者之上）、与妈妈之间有距离或隔离感（一楼与二楼是隔离的）。

　　父母离异，给孩子带来很多创伤，当然，如果会做父母的夫妻是不会让孩子受伤的，即使离婚，孩子也会知道爸爸妈妈是爱自己的，无论怎样他们都会疼她、理解她、支持她、爱她。

　　解释这个梦，要抓住梦者的感受。梦者做同一个梦做了很多年。我们要去感受这些年梦者是一个什么样的生存状态。很显然，梦者在做这个梦的时候，经常处于无奈、没有力量的时候，所以这是个补偿的梦。通过梦到母亲，让自己可以坚强地活下去。

姑姑买给我的鞋子

梦者：小强（化名），男，17 岁，高中学生。因父母在外地打工，打算把小强寄养在他姑姑家。

来访者讲述的梦境

我梦见自己跟姑姑上街，姑姑是计量局的。她自己买了一套制服，给我买了一双灰色的鞋子。鞋子尺码有点小，虽然能穿，但有些挤脚。

与梦者交流

"做这个梦之前发生了什么事情吗？"我问小强。

"爸爸、妈妈在外地打工，他们要让我去姑姑家住。"小强的表情有些无奈。

"姑姑做什么工作的？真是在计量局上班吗？还有，姑姑家离学校很近吗？"我问。

小强："姑姑真在计量局上班，是计量局的副局长，她家离我学校很近，5分钟的路程。"

我："姑姑是个怎样的人？你能评价一下她吗？"

小强："她……她很强势，男人的性格。"

"她对你这个侄子怎样？"我笑着问。

小强："对我很好的，但就是从来不笑，总是冷冰冰的样子。"

我："那怎么说对你很好呢？"

小强："她经常会给我买吃的东西，也买衣服什么的……对了，还经常给我买一些课外辅助学习材料。"

我："爸爸、妈妈让你去姑姑家住，你什么感受？"

小强："不舒服。"

我看着小强，感受更多的是一种无奈的情绪，"这种不舒服是怎样的？"

小强看着我，没明白我问话的意思，我解释说："这种不舒服的感觉像什么？"

"像梦里穿的那双鞋子。"小强脱口而出。

◆ 梦 的 解 析 ────────────────────

这个梦很简短，信息量不大，只有姑姑、计量局、制服和灰色的鞋子。这就需要我们在现有的信息基础上去拓展梦境中那些意象后面的更多信息。

计量局让我们很容易联想到规范和监督。换句话说，就是姑姑是监督和制定规范给小强的人。这会让小强有被约束的感觉。不像家，家是给人安全感和被支持的地方，而姑姑的家给小强的感受是被限制。姑姑的性格里有很冷的一面，这也会给小强带来没有温暖的感受。制服也是一样，它具有行业特权，还是限制小强的道具之一。再说说灰色的鞋子，灰色意象代表着诚恳、沉稳、考究、黯淡无光、没精神、高贵、缺乏热情等，在这里我的感受是没有生机、死板。鞋子小了，这也代表着不适感。

这样就可以诠释小强的整个梦境了：这个梦告诉我们，小强有寄人篱下的无奈感和被束缚感。潜意识在提醒小强，这个家没有热情、没有生机，不会让自己舒服的。

丈夫的花边睡衣

梦者：韩蓄（化名），女，40岁，职业：公务员。两个月以来睡眠不好来求助。

来访者讲述的梦境

我梦见自己一个人在逛商场。那个商场很破败，人也很少，而且柜台里有很多灰尘。我好像是要给丈夫买睡衣。我在商场里转来转去，我感觉我是在商场里飘，身体没有一丝重量。最后在一个柜台前看到了睡衣，我买后就回家了，到家打开手提袋，发现睡衣是白色的，最不可思议的是睡衣的领口、袖口是小碎花组成的花边。之后就醒了。

与梦者交流

"在做这个梦的时候，你什么感受？"我问韩蓄。

韩蓄看着我，好像不知道怎么回答。我进一步问："在梦里，你在逛商场和买到睡衣后，你看着睡衣时的感受是什么？"

"哦，说不上什么感受……有点不舒服吧。"韩蓄说。

"有点不舒服，"我微微眯起眼睛，"让我们回到那个梦里……你走在商场里，人很少……你的感受是什么？"

韩蓄也眯起眼睛，悠悠地说："很荒凉的感觉。"

"那些灰尘呢，"我问，"给你什么感受？"

"寂寥、破败。"韩蓄说。

"嗯，"我默念着，"荒凉、寂寥、破败。"

"是的，很不舒服，有种孤独感。"韩蓄感受着说。

"那白色的睡衣给你什么感受？"我问。

"很圣洁……但感觉睡衣上应该有灰尘。"韩蓄说。

"圣洁、灰尘。"我跟随。

"这听上去很矛盾。"韩蓄露出一个自嘲的笑容。

看着韩蓄的这个笑容，我忽然有种感受，我问："你丈夫是做什么的？"

韩蓄抬起头看着我，愣愣地说："他开了一家公司，做对外贸易的。"

"丈夫开这家公司多久了？"我问。

"两个多月了，"韩蓄忽然想到什么，"对了，自打他开了这家公司，我就睡不好觉了。"

我看着韩蓄的眼睛问："你在担心什么？"

"没……没有啊。"韩蓄拉长了眼睛说。

"那个领口和袖口的花边给你什么感受？"我很有深意地问。

"不舒服，有些讨厌。"韩蓄皱了皱眉答道。

"不舒服、有些讨厌，"我拉长了声音，"看着那花边，你会想到什么？"

韩蓄眉头的皱纹多了起来，"没想到什么。"

"丈夫经常出差，是吗？"我问。

"是的。"韩蓄点头。

"你在担心什么？"我再次提出这个问题。

"我没担心什么，"韩蓄的脸阴沉起来，"我很烦，不想探讨这个话题。"

"那好吧，今天我们就工作到这里，最后一个问题，梦里你感觉自己在飘，身体没有一丝重量，你什么感受？"我问。

"感觉自己被耗尽了，没有力量。"韩蓄说。

……

梦 的 解 析

这个梦的主题是担心和怀疑。

当梦者梦到那件领口和袖口有着小碎花的睡衣，我的直觉告诉我，她在担心丈夫有外遇。这在后来的咨询工作中得到证实：韩蓄有一天无意间听到丈夫在打电话，丈夫在打电话时的表情有些反常，这让她的情绪一下子烦躁起来，一直担心丈夫在外面有其他的女人。这让她很闹心，失眠就是从那天开始的。

梦境中的商场很陈旧、破败，这很像梦者的婚姻状况。当然，也可以解释成某些黑暗的东西——权、钱、色的交易（这也是韩蓄担心的地方）。柜台是展示和陈列货物的容器，我当时的感受是梦者的内心，这一点无法解释清楚，我只能说那是释梦时我当下的直觉。白色的睡衣，梦者的感受是圣洁。圣洁的睡衣上有灰尘，这会让我们想到"玷污"一词。睡衣领口与袖口的花边让我想到了花心，这或许是我的投射，也或许是我感受到梦者的感受，这些都不重要，重要的是梦者真的担心她丈夫出轨。

梦里"身子没有一丝重量，在商场里飘"，让韩蓄去感受，她感受自己没有力量。在接下来的咨询中，我与韩蓄咨询的主要目标放在培养她的自信心和生活的乐趣上。写这本书的时候，我翻阅韩蓄的档案，我们一共工作了 12 次，她开始积极地生活，与丈夫的关系很好，睡眠当然不再是问题。

寻找我的爱人

梦者：海利（化名），男，40岁，作家，离异。我的一位友人。记得那天我们在一起喝茶，他想起了这个梦，就讲给我听。

来访者讲述的梦境

我梦见自己一个人在很破败的村落里寻找丢失的爱人，最后我确定她不在这里，于是我向另一个方向去寻找。我穿过了麦田，来到一条小路上，沿着这条小路往前寻找。走啊，走啊，道路变得越来越崎岖，一面是险峻的高山，一面是悬崖，我没有恐惧，但只能沿着这条路继续走，经过好一会儿的努力，我才走到大路上。

走着走着，我看到前面有一条河流，我走到近前，发现有一座石桥，河里的水还算清澈，但里面有很多黑色的大鱼，鱼的触须是白色

的，它们拥挤在桥的下面。我看了很久，不知道为什么它们都拥挤在
一起，我有些害怕，我想过桥去，我就上了桥，飞快地跑过了桥。前
面有个像花园，又像修道院的地方，景色很美，有个修女，很漂亮，
我觉得她就是我的爱人。我向她走过去，感觉她要加害我，但我内心
不害怕她。然后就醒了。

与梦者交流

"那个时候，海利兄的情感世界是怎样的？"我饶有兴致地问。

"那时我还没有离婚，"海利想了想说，"不过，那时我有个很好
的女友。"

"很好的女友？那个时候她怎么了？"我含糊地提问。

"我们相好了近两年，但有一次她离家出走了……想想那时候我
到处找她，可是没有找到……这个梦就是那个时候做的。"海利的眼
睛暗淡下来。

"后来呢？"

"后来她自己回来了，大概出走半个月的时间。"

"为什么出走？与你有关吗？"

"应该没有。后来我知道她是去和一个网友幽会。"

"真的没有一点关系？"我微笑着问海利。

海利犹豫了一下说："嗯，你这么问，我倒感觉她出走这件事与
我是有些关系。"

我看着他，他低下头喝了口茶，神态似有些囧。

我肯定地说："那个时候你与她之间一定发生了些什么。"

"嗯。"海利点头，把思绪拉到过去的某个片段里，悠悠地说："那个时候她闹着要和我结婚，我又无法面对发妻……这件事让我很纠结。"

"回想一下你当时找不到她的感觉。"我微微眯起眼睛。

海利仍沉浸在那个片段里，说："很焦虑……怕她出事……我到处找她……现在想想，那时我的精神有些恍惚……怎么说呢？欲哭无泪吧。"

"后来呢？"我追问。

"后来，后来她回来了，我的心也就不再纠结了。"

"不再纠结了？是觉得隐隐地有些轻松感？"

海利把思绪从那个片段里拉回来，看了我一眼说："是的，隐隐地有些轻松感。"

"她的出走让你可以轻松下来的主要原因是，她背叛了你，你可以不再为她负责。"

"也不是，我的离婚与她无关，那是家族中无法面对的事情。"海利的语气沉重下来。

"海利兄的梦到底是什么时候做的？仔细想想。"我建议说。

"是她出走回来以后做的，嗯，我肯定。"海利又喝了口茶说。

"回来以后，嗯，她回来后，你怎么打算？"

"没怎么打算，但是我知道她不是我的挚爱。"海利肯定地说。

听到海利说这话，我忽然有了灵感，我问："做这个梦的时候，你是不是正在写小说？我记得你那个时期出过一本书。"

"嗯，对，做这个梦不久后，我的书就完稿了。"海利点头。

"写那本书的时候，你是否遇到了瓶颈？"我很认真地问。

"是的，写到四分之三的时候，就无法写下去了……这件事我记得很清楚。"

"嗯，梦里你在找寻爱人，那个爱人是谁？你记得吗？"

"不记得了，感觉不是现实生活中的人。"

"那就对了，我觉得这个梦与海利兄的创作有关。"我点头。

海利看着我，希望我能继续说下去。

我说："梦里，你在找寻你的爱人，而这个爱人既不是你的发妻，也不是那个出走的女友。"

海利点头。我继续："女友出走，你在寻找她的过程中，表现得很焦虑，这种焦虑的情绪在梦境中再度出现，是这样子吗？"

海利看着我说："嗯，是的。"

"现在回想一下你在写书遇到瓶颈的时候是什么感觉？"我问。

"焦虑。"海利的答复很干脆。

"感受一下，写书遇到瓶颈时的焦虑与寻找女友时的焦虑有什么不同？"

海利想了一会儿，说："好像没有什么不同。"

"嗯。"我点头。

海利好像想起了什么，说："对了，记得做完这个梦的第二天，我就又继续写书了，我很清楚地记得那天我很兴奋，因为作品中人物接下来的命运一下子被我想清楚了。"

"嗯，那就没错了。这是一个关于创作灵感的梦。"我说。

海利若有所思。我看着他，把自己带进他的内在世界（这只是我当时的一种感觉而已），过了一会儿，我说："或许还有一些其他的事件在里面……或许在你的童年……嗯，童年的某一天里，发生了一些事情……"

"童年的某一天里……"海利的目光呆呆地看着天花板。

"是的，童年的某一天……发生了一些事情。"

"嗯，童年我不记得什么了，只记得自己喜欢一个人去玩。"海利好像在自言自语。"喜欢那份孤独感吧……也不是……记得，有一天我从树林里回到家，看到大家都很紧张的样子，气氛很紧张……后来我才知道是大家找不到妈妈了……"

"那是怎么一回事？"我问。

"嗨，说来话长，不说也罢。"海利无奈地摇头。

"也好……那就去回想一下，你当时知道妈妈找不到了，你是什么感觉？"我建议。

"感觉……没觉得怎样……不对，我感觉是焦虑。"海利喃喃地说。

"那种感觉很熟悉吗？"我继续问。

海利摇了摇头，过会儿又点了点头，"开始没觉得熟悉感，现在感受一下，蛮是那么回事的，和梦中的感觉很接近。"

我笑着点头，"我们再来感受一下那些鱼吧……那些黑色白须的大鱼。"

"我感觉那些黑色白须的大鱼是有智慧的，"海利很肯定地点头，"它们试图突围。"

"那条河以及河上的桥给你什么感受？"我问。

"那些鱼拥挤在那里，我感觉那座桥就像……瓶颈，很难突破的瓶颈。"海利豁然。

"嗯……最后那些鱼游过去了，突破了瓶颈。"我说。

"是的。"海利长出了一口气。

◆ 梦 ◆ 的 ◆ 解 ◆ 析 ————————————————————

这是一个关于艺术创作灵感的梦。

虽然梦者的女友真的出走了，但这个梦是女友回来后，梦者放弃对她的选择之后才做的梦。破败的村落、找不到爱人，说明他现在的状态找不到灵感了（也可以解释为，凭借他那时的境况无法留住他的爱人。这是现实状况在他内心的呈现），爱人在这里代表艺术创作的灵感。向另一个方向去寻找，他开始行动了，或者说去转变思路和想法。当然创作是艰辛的，道路很崎岖，也很艰难。河流代表着生命力，也可以代表创作的原动力。这里要强调的是黑色的鱼和白色的触须，黑色的鱼代表梦者内心无法察觉的思想和感悟，白色的触须代表智慧，就像智慧老人都是白色的胡子形象一样。这些鱼拥挤在桥的下面，桥的意象在这里代表通往彼岸（创作灵感、完成作品）的通道，这些黑色的鱼拥挤在一起，也就是说梦者所拥有的经验、感悟和创作能力都交织在一起，一旦走出来就能找到灵感，完成他的作品。他走出来了，看到花园和美丽的修女，这里的花园代表梦者对艺术的追求，修女的意象是智慧、创作和灵感的女神形象。

他说他的爱人要加害他（这也是他在现实生活中对女友会破坏他婚姻家庭的恐惧。梦境把这种曾经经历的恐惧感带给他，是因为梦境总是把一些曾经经历并难以忘怀的感受以道具的形式呈现出来，也就是说，用以往深刻的事件体验来描述梦境中的故事情景），他内心并不害怕，那是因为创作本身就充满风险，那是对未知的探索，探索的最终目的是揭示神秘的东西，而神秘、未知本身就会让人产生恐惧。他说不害怕，是说明他有勇气去探索。

整个梦境诠释的是梦者艺术创作的心路历程。就像梦者说的那样"对了，记得做完这个梦的第二天，我就又继续写书了，我很清楚地记得那天我很兴奋，因为作品中人物接下来的命运一下子被我想清楚了。"

我又生了一个女儿

　　翟娜（化名），女，33 岁，作家。在某创作社工作，现有一女儿，5 岁。翟娜的一些剧本在省级评比中曾多次获奖。因最近感觉烦躁，来我这里求助。

来访者讲述的梦境

　　我的梦境很简单，就是梦到自己又生了一个女儿。看着她我很不舒服，心里很堵。听到她哭，我很烦。

与来访者交流

　　"又生了个女儿。现实生活中你想过再要个孩子吗？"我问。

　　"怎么可能再要，这一个宝贝儿已经很累人了。"翟娜说。

我注意到她的表情，有一丝微笑在她脸上划过，那明明是充满母爱的神情。我问："你女儿都是谁在带啊？"

"孩子从出生就由我自己带，我上班的时候就由保姆带。"翟娜很欣慰的样子说。

"你们夫妻想没想过再要个儿子？"我饶有兴致地问。

"没有。我们就喜欢这个女儿，而且老人也没说过让我们要儿子的事。"

"谈谈你的宝贝女儿吧。"我建议。

"小雨（女儿的化名）很可爱。她一出生我就放不下她了，除了工作，我最想要的就是和她在一起。"翟娜很兴奋的样子。

"这么说你很爱小雨了？"

"那还用说！"

"你回想一下梦境中的孩子，她长得像谁？"我把声音放慢。

翟娜闭上眼睛，想象着梦境里的情景，过了一会儿说："感觉和小雨很像，只是我不喜欢她。"

"和小雨很像，你不喜欢她。"我跟随。

"嗯，她的衣服比小雨的衣服小很多，个头也比小雨小很多……但她们长得很像。"翟娜睁开了眼睛看着我。

"做这个梦的前几天发生过什么事情？"我问。

翟娜想了想说："前几天，没有发生什么事情。"

"没发生什么事情……嗯……单位有没有发生什么事情，或者家里发生过什么事情？"

"对了，"翟娜说："做这个梦的前一天，主编叫我把以前我写的一个剧本改成短剧。我心里很不舒服，不愿意把那个剧本弄小了。"

"那种不舒服的感觉和你梦中不舒服的感觉有什么不同吗?"我不失时机地问。

"嗯……好像没什么不同，很不舒服，很厌烦。"翟娜体会着那两种感觉。

"剧本是你创作的，应该也是你的孩子，它们和你的女儿一样。"我笑呵呵地看着翟娜。

"哦……"翟娜一脸如梦方醒的表情。

梦 的 解 析

这个梦很简短，释梦时要考虑到梦者的情绪，也就是梦者梦到又生了一个女儿时的情绪。这种情绪是厌烦、不舒服。这一般会联想到母亲对孩子行为的厌烦情绪，当我试着询问梦者时，发现梦者的女儿给她带来的是一种母性的温馨。这与梦者在梦境中的情绪大相径庭，所以，我们应由其他层面入手。

如果翟娜夫妻想要个儿子，她在梦中又生了个女儿，自然会有不舒服的感觉。但作为母亲，厌烦的情绪是很难这样解释的。事实上，翟娜夫妻也没有再要儿子的想法，那么我们就要在工作方面或人际关系方面进行觉察。

当梦者想到工作这个层面的时候，一些信息就会浮现在意识里。翟娜创作的剧本也是她的孩子。她说领导要她把原有的作品改成短剧，请大家注意"短剧"一词，这和她所描述的后生的女儿有什么共通之处。她说这个小女儿的衣服和大女儿的样式是相同的，只是短了些。我们可以清晰地感受到：大女儿是剧本，小女儿是剧本改编的短剧。

潜意识的运作模式很让人惊奇。

催眠和请客

梦者丽影（化名），女，30 岁，职业女性，未婚，有过性史，现无男友，但对一位同事有好感。因人际关系问题来我的咨询室求助。

来访者讲述的梦境

梦里被一位男士催眠，他的眼神很迷离，带着一种侵略性，动作很暧昧，他用手触碰我的脖子，眼睛还一直看我的胸部，还说了好多我不想重复的话（梦者没有说是什么话，但在叙述时表现出脸红、皱眉）。

还有更惊人的，梦里我和他一起吃饭，可是在饭店里等好长时间饭菜也没有上来，我很生气，一拍桌子竟然把自己的衣服扯坏了，弄得我好尴尬。

与来访者交流

"那位催眠你的男士是谁?"我问丽影。

"不认识,有些像我的一位男同事,但我肯定不是他。"丽影看着我说。

"让自己的身体放松下来,闭上眼睛,回到这个梦境里,去看那个男人,看看能否看清他到底是谁。"我向前探了探身子缓慢地说。

"有些像我以前的男友,还有些像我的那位同事。"丽影有些艰难地说。

"如果是那两个人的结合体,你觉得准确吗?"我问。

"嗯,很准确。"丽影闭着眼睛点头。

"你以前的男友给你什么感受?"我试探着问。

"很男人,但很轻浮,我和他在一起没有多少安全感。"丽影说。

"很轻浮,没有安全感……这也是你和他分手的主要原因吧?"我猜测。

"是的,他感情不专一。"丽影皱起眉头。

"嗯,接下来让我们再看看你的那位男同事,他给你什么感受?"我试图感受丽影的感受。

"他也很帅气,为人很老实……就是有些木讷,我不太喜欢。"丽影刚放松的额头又皱了起来。

"也很帅气……有些木讷,"我重复丽影的话,"梦里你们在饭店吃饭,好久菜都没有上来,感受一下你的心情。"

丽影像是在感受，过了一会儿说："很烦躁……有些生气。"

"生气是因为上菜慢……那烦躁是因为什么呢?"我建议，"再感受一下。"

"好像……好像是房间里很热，有些口渴的感觉。"丽影说这话的时候，我发现在她的脸上掠过一丝红晕。

我唤醒了丽影，问她："你与那位同事一起吃过饭吗?"

"吃过几次，都是和几个同事一起吃的。"丽影回答。

"他有没有表现出对你的好感?"我问。

"我不太确定，"丽影又皱了皱眉头，"不过，他有时很关心我。"

"能举个例子吗?"我问。

"说不太好，也不知道这个算不算关心，"丽影有些拿不准，"在饭店点菜时，他会看我几眼，好像征询我的意见。"

"我倒是可以给你个建议，你可以主动些去约他单独吃饭，看看他到底对你有没有好感。"我说。

"这样不好吧，再怎么说我是女生。"丽影有些不好意思。

"什么年代了，吃顿饭又算什么大不了的事情，我觉得这不算女人追男人吧。"我笑着说。

……

这次工作后，丽影并没有约那位同事，而是在我们工作 5 次以后，她才鼓起勇气向那位同事发出邀请。对于幸福，每个人都具有追求的权利。向心仪的异性表达爱意，无论男女都应被尊重和理解。

梦 的 解 析

这个梦的主题是性梦或者说是寻找慰藉的春梦。

被一位男人催眠了。催眠就是相信了他的话，同时催眠意味着控制了梦者，即，梦者被那个男人所吸引。对于梦者的意识而言，是有被控制或欲控制那个男人的企图。

梦中那个男人所说的话我们并不知道，但从梦者脸红、皱眉和上面提到的"用手触碰脖子、眼睛看着胸部"等细节可以知道，都是关于想对梦者非礼或越轨的行为和言辞，所以梦者的意识不喜欢，甚至更讨厌男人的行为，但潜意识也就是梦者的内在是喜欢的，她需要被异性关爱和关注，甚至有强烈的被侵犯欲望。

这个梦（意象）还呈现给我们一些信息：在饭店吃饭。饭是什么？食也，性也。"梦里我们一起吃饭，可是在饭店里等好长时间饭菜也没有上来，我很生气，一拍桌子竟然把自己的衣服扯坏了，弄得我好尴尬。"梦者和一个男人一起吃饭，而且就两个人，这说明她内心需要一个温暖的地方，这个地方就是家，虽然她很害怕家这个词；好长时间菜没有上来，是梦者发现男士没有主动向她表白他的需要或爱，所以梦者的潜意识很生气，拍桌子并把衣服弄坏，是她内在的一种挣扎，把自己推到主动的地位，即，男士不主动，她很生气、焦急，于是衣服弄坏了，是自我主动的表现。

这一系列的过程反映了梦者内在的矛盾和挣扎，她在用她所谓的理智压制着她内心的渴望。性梦并不是做爱那么简单的解释，这种挣扎的体现，使梦者不得不把自己封闭得更紧，怕受到伤害，同时，也有着强烈的性欲望。

赴宴

梦者小露（化名），女，36岁，教师。

来访者讲述的梦境

我去看婉清（化名），她安排了一个很隆重的场面来接待我，客厅有好多的朋友，都很绅士的样子，好像还有舞会。后来有车来接，车子是欧洲 18 世纪的马车，婉清带我上车，我就跟着她去了，走着走着，她就不见了，我自己就看到了一个院子，门口有只小黑狗，我进屋子，炕上有个小花狗很可爱，炕边坐着一个穿着不起眼的男人。后来进来好多人，我看见婉清也进来了，穿着一件白色袖口和领口镶着小红花的裙子，然后我要跟她去，她说要见贵宾，就立刻从门口进来一个和她穿着很匹配的帅气男人。这时我醒了。

　　梦者附言：婉清是我很要好的女友。她是个很大方、很智慧、很漂亮，也很婉约的女人，很会生活，有情调……各个方面都很优秀。

🌳 与来访者交流

　　这个梦没能与梦者交流，原因是我感觉到这个梦给出的信息很敏感，同时，梦者又不是我的来访者，所以，不能给她有窥视内心的感觉。但是凭着我对梦者的了解和感受，还是可以解释一下这个梦的。

◆梦◆的◆解◆析

　　对于这个梦的解释，我们可以先来看看梦中的一些意象：

　　这里的婉清代表着梦者想往类似于婉清的生活状态；小黑狗代表着忠诚的意象，也可称为精神分析中的超我（超我像警察。超我是人格系统中专管道德的司法部门。它由人的道德律、自我理想等所构成，可简单区分为"理想"、"良心"两个层次，在"理想"中既包括自我理想，又包括社会理想。它是自我的产物，是自我倾向于社会外界那方面的因素生出的。它如同良心或过失的无意识感觉一样，凌驾于自我之上，仿佛是社会道德训条、社会禁戒、权威者的高尚道德的代表，来监督控制自我。它是这些因素在人的儿时内化、沉淀的结果）；炕上的小花狗代表着花心的意象或欲望，也可称为精神分析中的本我（本我像犯罪分子。本我由各种生物本身的能量所构成，完全处于无意识水平中。它是人出生时就有的固着于体内的一切心理积淀物，是被压抑、摈斥于意识之外的人的非理性的、无意识的生命力、内驱力、本能、冲动、欲望等心理本能），婉清所穿裙子领口和袖口上的小红花代表着女性的特质和热情，这种特质来自梦者内心深处的渴望被爱、被接纳；那个车子是 18 世纪欧洲的马车，这里代表贵族阶层的气质和驾驭生活的能力；舞会是一种交流、和异性接触的地方，也可以指一种生活的场景；炕边坐着一个穿着不起眼的男人，这个男人代表梦者的家庭或丈夫；帅气的男人，代表着情人或自我向往的异性朋友。

婉清在梦者心中是个很不错的形象，而这种形象给梦者的感觉是希望有她（意象，并不是真正的婉清本人，是梦者心里想象的婉清——女性完美的形象）那样的生活，同时给梦者一种不安、不实际、缥缈的感觉，因为婉清这个意象在梦者的梦里时隐时现。

车子代表着行动或驾驭生活的能力，驾驭车子的不是梦者，而是梦者内心婉清的意象，说明梦者的潜意识接纳婉清的那种生活和做事方式；炕边坐着的穿着不起眼的男人指梦者的内心有瞧不起自己丈夫的感觉；黑狗也可以指梦者内在的底线，阻止梦者，让她不能做什么越轨的事情；小花狗在房间里，指梦者内心的萌动和欲望。

整个梦境阐述了梦者内心的一种矛盾心理，希望自己有更理想的生活状态，而又觉得那样会不好，会触碰梦者的道德底线。这是个欲望和理智相互较量的梦，展现了本我与超我之间的必然关系。

世界末日

"前段时间我做了一个梦，没想到我记得很清晰。以前我做的梦都记不住，不知道为什么，那个梦是那么清晰，我一直记得。"雪峰（化名）说。

他是公务员，在某局工作，今年 40 岁了。看上去，他的面容有些倦怠，我的直觉能感觉到他的无助。

来访者讲述的梦境

我记得我好像梦见了 2012 年末的事情，就像现在盛传的世界末日一样，可是我从未想过会有世界末日一说。我梦见自己在一个荒岛上，到处发大水，陆地都被大水淹没了，我惴惴不安地躲在一个破旧的茅草房里，外面还喷发着岩浆，岩浆在汹涌的洪水中不断喷射，而我在茅草房里发现地下面的温度也不断提升。之后就吓醒了。

🌳 与来访者交流

"这就是我的梦了。"雪峰说，他坐在我左侧的沙发上，神态有些焦虑。

"我们先来看看这个梦吧，"我问雪峰，"世界末日给人们的一般感受是什么？"

"死亡吧。"雪峰有些无精打采。

"死亡给活着的人的感受是什么？"我继续问。

"害怕。"雪峰说。

我："你在做这个梦之后醒来的时候是什么感受？"

雪峰："我是吓醒的，是害怕。"

我："你梦到自己在一个荒岛上，你的感觉是什么？"

雪峰："无助、孤单。"

"无助和孤单。"我跟随。

"是那种感觉，没有力量逃脱。"雪峰说。

我："无力逃脱险境。"

雪峰："是的，所以我只能躲到茅草房里。"

我："茅草房给你什么感受？"

雪峰："感觉看不到希望，那房子简直就不是房子。"

我："感觉就不是房子，那茅草房给你什么感受？"

雪峰："无所躲藏、无所依靠的感觉。"

"我想问一下，做这个梦前后发生过什么事情？"我问雪峰。

雪峰："做这个梦之后，不久父亲去世了。"

我："做这个梦的时候，父亲有病吗？"

"是的，做这个梦之前，父亲已经住院了，医生告诉我父亲的病情恶化，我从医院回家后的心情很不好，当晚就做了这个梦。"雪峰说。

我："地下面的温度不断上升，你被吓醒了。"

雪峰："是的，感觉很恐怖，仿佛我的脚下马上就会有岩浆喷出来。"

"岩浆一旦在你的脚下喷出来，你会怎样？"我问。

"我也会一瞬间死去。"雪峰苦笑。

"我也会一瞬间死去。"我把每个字拉长，重复雪峰的话，同时把"也"字说得更重。

雪峰："是的，我感觉父亲会死。"

我点头。

雪峰："我感觉一下子失去了依靠。"

"关键是你醒来时的感受，"我看着雪峰，"恐惧伴随着无力感，感觉会有事情要发生，自己又无能为力，对吗？"

雪峰重重地点头。

◆ 梦 的 解 析 ──────────────────────

当我们了解梦者做这个梦前后的现实状况以后，这个梦也就不再神秘了。这明显是由恐惧导致无力感的梦。

让我们来感受一下这些词汇和短语——荒岛、发大水、破旧的茅草房、岩浆。

荒岛给梦者和我的感受是孤立无援；破旧的茅草房给我们的感受是无法遮风挡雨，不再是家的感受；发大水的感觉是灾难，会死人的；岩浆的意象是火，无法阻挡的力量，难以抗拒。

当我们了解了这些，再结合梦者的感受，一切就都明了了。

这个世界末日是雪峰父亲的，也是未来他自己的。我们每个人都避免不了死亡，这是人类的宿命。每个人的内心深处都会有对死亡的恐惧，而且这种恐惧是无法躲避的，我们无法与自然力抗争，无力感就会产生。

这里还想和大家分享的是，在这个梦里，荒岛在发大水，下面有岩浆，这会让我们想到什么？上面是水，下面是火，这是《易经》里的既济卦。

既济卦：亨通。这是小见吉利的贞卜。起初吉利，最后将发生变故。《象辞》说：本卦上卦为坎，坎为水；下卦为巽，巽为火。水上火下，水浇火熄，是既济之卦的卦象。君子观此卦象，从而有备于无患之时，防患于未然之际。雪峰从医院回来，得自医生的消息并不好，他能感受到父亲即将死去，这种恐惧与无力感就会随之而来。其实，之前他已经做好了父亲后事的安排，这是在后来谈话中我了解到的。再有，既济卦的初九爻动变得《周易》第39卦：水山蹇。这个卦是异卦（下艮上坎）相叠。坎为水，艮为山。山高水深，困难重重，人生险阻。"蹇"在这里的解释是跛行艰难。

陈旧的电梯

梦者：张扬（化名），男，37 岁，职业：公务员。曾因焦虑，来我的工作室求助。

来访者讲述的梦境

我梦见自己要到我工作的楼层去，于是来到电梯旁，我发现电梯很陈旧，我进了电梯，按动办公室所在的楼层，可当电梯好像发生故障，在该停的楼层没有停下来，而是一直往上升，速度越来越快，我在想，这样下去我不是会被电梯与顶楼挤扁吗？可是当电梯来到最高层，却停了下来，然后又往下行驶。我很焦急地按我所工作楼层的按钮，可是电梯还是不好用，一直往下降，而且也是越降越快。我心想，这下我要被摔死了。可是电梯快到地面的时候，却放慢了速度，缓缓地停下来。我打开门，走出来，就醒了。

🌳 与来访者交流

"你走进电梯，按动电钮，看看你按的是几层？"我问。

"是 5 层，"张扬看着我说，"但我真实的工作楼层是 3 层。"

"5 层，"我问，"在真实的工作单位里，5 层对你有什么特殊意义吗？"

"没什么呀，"张扬想了想，"哦，我们单位的领导和人事科办公室都在 5 层。"

"单位最近将有什么人事变动吗？"我问。

"你怎么知道？"张扬惊讶地反问。

"我不知道，"我笑了笑，"我只是感觉你的梦，每个细节里都拥有大量的信息。"

"我的梦与单位的人事变动有关？"张扬来了兴致。

"我只是凭直觉感受到的，没什么依据，"我说，"你感受一下，看看做这个梦的时候，单位里有什么人事变动的消息。"

"您这么说，我倒是有些感觉了，"张扬笑了笑，"前些天听一个同事说过，可能单位的中层会有一些调整，也会提拔一些人员。"

"嗯。"我点头。

"我很早就想换个新岗位，现在的工作没什么意思，干得乏味了。"张扬说。

"你们单位的电梯破旧吗？"我问。

"没有啊，单位的电梯是新换的，今年上半年才换的。"张扬说。

"你梦里的电梯是破旧的，你现在感受一下，当你走进破旧电梯里的感觉。"我建议。

张扬感受了一下说："感觉无聊、乏味。"

"无聊、乏味，你刚刚说你现在的本职工作也乏味。"我说。

"嗯，这破旧的电梯与我现在的工作感受差不多，没有新意，是很乏味、无趣的。"张扬点头。

"你是单位里的中层干部吗？"我问。

张扬有些不好意思地说："不是，但按资历，我早应该提职了。"

我看着张扬："这个梦还需要我解释吗？"

"需要，"张扬搔了搔头，"我有些感觉到了，但不是很清晰。"

"那好，"我问，"电梯在 5 层没有停下来的时候，你什么感受？"

张扬闭上眼睛感受了一下说："焦虑。"

"还有呢？"我给出建议，"再感受感受。"

"有些担心。"张扬睁开眼睛回答。

"担心被挤扁？"我问。

"嗯。"张扬点头。

"再感受感受，"我建议，"看看这种被挤扁的感觉能让你想到什么？"

张扬想了好一会儿，"我们单位的中层干部不少，像我一样够升职资历的人员也不少。"

"所以你怕会被挤扁了，"我看着张扬，"挤扁会怎样？"

"升职会轮不到我。"张扬好像一下子明白过来。

"在梦里，电梯往下降的时候，你的感受又是什么?"我问。

"害怕。"张扬很快答复我。

"害怕什么? 害怕被摔死?"我问。

"好像还是害怕失去升职的机会。"张扬点头。

"在梦里，最后你发现电梯快到地面的时候又慢下来，缓缓地停下来，只是一场虚惊。"我说。

张扬："是的。"

我看着张扬没有再说话，他想了想说："其实，不升职也没什么大不了的。"

"嗯，"我点头，"让我们再回到那个梦里，你去感受 5 层，看看还能联想到什么?"

张扬又闭上眼睛，感受了一会儿说："我一直很犹豫，想去跟领导谈谈，但又不知道怎么说，我拿不定主意谈还是不谈。"

……

◆ 梦 的 解 析 ────────────────────────

在与梦者交流的整个过程中，读者一定了解了这个梦的意义。梦的意象不多，只有电梯，如果只是纠结于梦境里的这个意象，有时很难把握到梦境的真正意义。所以，我们要帮助梦者去自我感受。感受到的才是最接近梦境提示给梦者的信息。这个梦的主题是犹豫。它充分解读了梦者的近况。

　　当我询问张扬梦境中的工作地点在几层的时候，我只是随便问问，而当张扬说到 5 层是他单位领导和人事科的时候，我就感觉到这个梦与人员调动有关。这听上去有些不可思议，这只是我多年来释梦的直觉而已。如果非要给出一个什么理由，我只能说，我捕捉到了电梯是上下移动的，而且 5 这个数字是承上启下的，它与电梯也有上下关系的暗合。感受到了电梯的上下移动和 5 这个数字的承上启下，再询问梦者的感受，很容易就弄清楚梦境提示给梦者的信息是什么含义了。

座位

梦者：陈力（化名），男，35岁，在某事业单位工作。三个月前曾在精神科医院做过测试，医生诊断为轻度抑郁，为此来我工作室求助。

来访者讲述的梦境

我梦见我很着急，我在买去大连或北京的车票，当时记得要买动车票，心里想动车会快一些到达目的地，可没有买到动车票，只好买了说不上是什么车的票，来到车前我才发现，那根本不是常规的车，是一种类似于景区观光用的电动车，双排座，而且车头在后面，我很犹豫，但还是上了车，车上已经没有位子了，我只好站着，双手把着类似于地铁里的扶手。心里想，这要什么年头才能到达呀，可车开起来的时候，很快，感觉不比动车慢。就这样行驶了一段时间，我发现车子停了下来，说是一对父子要下车打高尔夫球。我眼看着那对父子下了车，在那里打球，车子没有开，好像在等他们玩完球上车才能继续开动。我心里想，我没有座位，一直站着，你们却在玩球，这很不公平。我就下了车，打算去质问他们，怎么可以这样。这个时候就醒了。

与来访者交流

"大连和北京这两座城市给你什么感受？"我问。

"感觉北京是祖国的首都，是国家的政治文化中心，"陈力说，"我曾经在大连学习过，感觉那里环境很好。"

"一个是政治文化中心，一个是环境好。"我跟随。

"嗯，是这样的。"陈力点头。

"梦里你提到了动车，动车给你什么感受？"我继续问陈力。

"很快捷，很舒适。"陈力说。

"很快捷，很舒适，还有什么感受？"我看着陈力。

"就这些了。"陈力说。

"你的目的地是北京，或是大连，"我也在感受，"北京是中心，大连是好环境。"

"嗯，"陈力说，"北京也是制定政策的地方，大连可以让人生活的环境更舒适。"

"制定政策的地方；让人生活的环境更舒适，"我建议，"先把这种感受放在这儿，我们再来感受一下你没有买到车票时的感觉是什么？"

"焦虑，"陈力说，"还有着急。"

"着急什么？除了买不到票之外。"我说。

"除了车票之外，也许是着急我的状态吧，我感觉单位和我的爱好有很大的冲突。"陈力说。

"单位的工作与你的爱好有冲突。"我跟随。

"是的，我喜欢写作，而工作让我失去了兴趣。"陈力说。

我："工作让你失去兴趣，我感觉以前你对工作是有兴趣的。"

陈力看看我说："是的，以前是有兴趣的，但是现在没有了。"

"现在没有了，能详细说说吗？"我问。

"怎么说呢，"陈力摇摇头，"我现在所做的工作只是敷衍和应付，因为不需要太多的能力。"

"做这个梦之前，单位发生过什么事情吗？"我问。

"做这个梦的时候，单位有一个位置很适合我，而且领导也知道那个位置最适合的人选就是我，可是上级部门安排了其他人做那份工作。"陈力说这话的时候有些气愤。

"嗯，"我笑着点头，"对打高尔夫球你有什么感受？"

"以前打高尔夫球是贵族和权势的象征吧，"陈力撇撇嘴，"起码不是普通人能消费得起的。"

"在梦里，你站在车子上，没有座位，而那对父子还在打高尔夫球，大家都在等他们，你的感受是什么？"我问。

"不公平，"陈力皱起眉头，"愤怒……我想骂人。"

"在梦里，你打算下车去质问他们，"我看着陈力，"你想怎么做？"

"我想问问他们，凭什么占用别人的时间，"陈力的声音大了起来，"谁给你们的权利。"

"去感受你此时此刻的内心……去感受它，"我看着陈力的眼睛，"这种情绪很熟悉，看看你在什么时候还有过这种感受？"

陈力看着我说："那天开会，得知那个职位有人接任的时候，我就有这种情绪。"

"嗯，"我点头，"把自己放在这种情绪里，再去感受感受，看看这种情绪能否把你带到小的时候，带到你曾经的某一刻……你可以闭上眼睛。"

陈力闭上眼睛，静静地感受着。过了好一会儿，他睁开眼睛，悠悠地说："好像在我四五岁的时候，妈妈给我买了一件新衣服，我舍不得穿，好像要过年的时候，有个妈妈的朋友带着小孩儿来我家……他们走的时候，妈妈把我的那件新衣服给了那个孩子。"

我看着陈力，"你的感觉是什么？"

"不公平。"陈力脱口而出。

"闭上眼睛，让自己想象着回到四五岁的时候……那个时候你只是个小孩子，"我放低声音，缓缓地引导陈力，陈力闭上眼睛，我说："很好，就是这样……你只是个很小的孩子，看着妈妈，对她说，'妈妈，那件新衣服是我的，你给了别人，这对我不公平。'"

陈力闭着眼睛，低声说："妈，那件衣服是我的，这不公平。"

"带着这种情绪，"我说，"大声一点。"

陈力攥紧拳头，大声说："这不公平。"

我："带着这种情绪，再大声一点。"

"这不公平……这不公平……"陈力大喊。

……

梦 的 解 析

这个梦的主题是对不公平的事件产生愤怒情绪。

当帮助梦者去感受，感受那份因不公平事件而引发的情绪，利用这种情绪去找到孩童时期的情结[1]，加以处理（如宣泄或释放），梦者的心理问题就会缓解。

在陈力的这个梦里，还有一些信息我没来得及让他去觉察和感受，就像"观光的电动车""双排座""车头在后面""地铁里的扶手"等。这就是心理咨询中的释梦与一般意义上的释梦的不同之处。心理咨询的释梦主要是解决来访者的问题或情绪疏导，一旦利用梦境这个工具完成了咨询任务，其他的信息也就显得不那么重要了。

接下来是我对以上忽略信息的一点感受，这只是我自己的感受，不代表来访者的感受，愿与朋友们分享。

"观光的电动车"：梦者在梦里没买到动车票，动车给梦者的感受是快捷和舒适，而观光的电动车，梦者感觉会很慢，难以到达要去的地方，可一旦开动起来，梦者在梦里的感受并不慢。虽然如此，但我的感受是，从观光电动车的动力和外观来看，动力有限、外观简陋。动车的动力十足，而电动车虽然也很快，但动力不会太强，不会走太远。这也能让我们知道来访者在做梦时的状态——内心动力不足，缺乏热情。

"双排座"：梦者在梦里的目的地也是两个地点，北京或大连。这让我感受到是两种不同的选择，或两种不同的生活状态（梦者的工作状态和自己的爱好）；

"车头在后面"：单位的领导是"头"的意思，梦中掌握方向的不是单位的领导，而是其他因素，这让梦者很愤怒；

"地铁里的扶手"：坐过地铁的人都知道，如果你没有座位，就一定要把好扶手，因为地铁开动时，快慢之间很难掌握身体平衡，抓住扶手不放，也说明梦者不愿放弃赖以生存的现有工作。

再次重申：以上的感受仅是我自己的感受和猜度，不能用以诠释梦者的内心状态。

注释

（1）情结：

情结是一心理学术语，指的是一群重要的无意识组合，或是一种藏在一个人神秘的心理状态中，强烈而无意识的冲动。每个心理学理论对于情结的详细定义不同，但不论是弗洛伊德体系还是荣格体系的理论都公认情结是非常重要的。情结是探索心理的一种方法，也是重要的理论工具。《荣格智慧集》一书中写道：荣格最早提出的情结的存在是在使用词语的联想测验进行研究时。后来在论及个体无意识时，他说："个人无意识的内容，主要是由具体情绪色彩的情结构成，它们构成了心理生活的个体的、自私的方面。"通过对个人无意识的研究，荣格发现了它的一个重要特点，即个体一组一组的心理内容可以聚集在一起，形成一簇簇的心理丛，荣格将之称为"情结"。

放手

涵涵（化名），女，29 岁，医学博士生，曾留学美国，刚刚离异。因人际关系问题寻求帮助。这个梦是我与来访者工作 3 次后她讲述的，做这个梦的时候，正是她打算离婚的时候。

来访者讲述的梦境

我来到非洲一个很贫穷、落后的原始部落地区，当地人告诉我说，这里的小虫很多，她给了我一些胶带，说是可以粘住那些昆虫。我拿着胶带在街上走，真的有很多小虫粘在胶带上。我用了很多胶带，上面都粘着各式各样的小虫。我注意到我左手无名指的根部被一只有毒的昆虫咬到了，肿起了一个大包，环绕着整个指根部位，就像一个救生圈。于是我来到了一家医院，刚坐下来，就听见隔壁有一个小男孩儿在用意大利语说话。我很好奇，就认真地听。小男孩儿的意思是要走了，他来到我的房间，我无力地把他环抱在胸前。内心不希望他走，但又不知道怎么说。最后我放开双手，目送着他走出房间。

🌳 与来访者交流

"目送着小男孩儿走出房间，你当时的心情怎样？"我问。

"说不好，"涵涵感受了一下说，"感觉无奈、无力。"

"嗯，无奈、无力。"我跟随。

"很无助的感受。"涵涵瘫在沙发里。

"这种无助的感受能让你想到什么？"我问。

"想到小时候，爸爸妈妈数落我的时候。"涵涵的一行泪水从左眼角涌了下来。

"能说说吗？"我问涵涵。

"说不清楚，"涵涵的右眼角也滴下泪来，"只记得爸爸妈妈经常数落我，像审讯一样，我想回自己的房间都不行，直到他们数落完，我才能离开。"

我闭上眼睛去感受身为一个孩子，被最亲的人数落时的心情，这无疑是残忍的。孩子本应从父母亲身上得到安全感，而涵涵的父母亲却像审讯室里的警察。我能深深感觉到涵涵的无奈、无力和无助感。

我为涵涵倒了杯水，静静地陪着她，直到她眼角的泪水慢慢干涸。

"我离婚前也有这种感受。"涵涵幽幽地说。

"嗯。"我点头。

涵涵："很无助，没人能够帮助我。"

"嗯，"我点头，"非洲贫困地区给你什么感受？你可以回到你的梦境中，去感受梦里的非洲情景。"

涵涵闭上眼睛，感受着说："荒凉，感觉我不属于这里。"

"荒凉，你感觉不属于这里。"我跟随。

"嗯。"涵涵点头。

"那些小虫子给你什么感受？"我问。

涵涵皱眉，有些厌恶地说："很脏、很恶心……还有些害怕。"

"很脏、很恶心……还有些害怕。"我继续跟随，并建议说，"去感受这种感觉，这种感觉能带给你些什么？"

"这种感觉……这种感觉有些像我与前夫之间的关系。"涵涵仍然闭着眼睛说。

"那些胶带可以粘那些小虫子……胶带给你什么感受？"我继续问。

"像我做手术时的手套，可以……可以隔离细菌。"涵涵睁开眼睛，看着我说。

看着涵涵，我问："那些小虫子像现实生活中的什么？"

"那段时间，我一直很纠结，有时会想前夫的好，大多数是想他的不好，那些事怎么说呢，他简直就不是人，他做的事情真的很恶心。"涵涵的情绪有些激动。

"我可以理解为，那些恶心的事情很像那些恶心的虫子，你那时就想过和前夫离婚了。"我问。

"嗯，是这样的。"涵涵点头。

"在你的梦里，你左手无名指的根部被一只有毒的昆虫咬到了，肿起了一个大包，环绕着整个指根部位，就像一个救生圈，"我注意观察着涵涵的表情，"那个救生圈像什么？"

涵涵下意识地摸了一下左手的无名指根部，忽然明白过来，说："像结婚戒指。"

我点头，"这次婚姻是有毒的。"

"嗯，梦原来这么好玩，真的是结婚戒指，"涵涵看着我，"但那个说意大利语的小男孩儿要走，却让我很舍不得，没有力量阻止他离开，这又说明了什么呢？"

"你会说意大利语吗？"我问。

涵涵："不会。"

"你心里想着意大利语，去感受一下，你能感受到什么吗？"我引导。

"我前夫也不会说意大利语……我没感受到什么。"涵涵看着我说。

"意大利语属于印欧语系，比任何其他罗曼语都更接近于原来的拉丁语，"我看着涵涵问，"当你了解了这些信息，你能感受到什么？"

"原始，"涵涵想了想，"还有仪式。"

"原始……仪式，"我问，"什么样的原始仪式？"

"婚礼仪式。"涵涵大声说。

我点头，"我也是这种感受。"

"嗯，那段时间我很纠结，想离婚，又有些舍不得，最后我还是选择了离婚。"涵涵解释说。

"那段时间的感受还有什么？"我问。

"无力、无助，"涵涵咬了咬嘴唇，"没有人能帮我。"

"没有跟爸爸、妈妈商量商量吗？"我问。

"离婚三个月前我就打电话跟他们商量，他们很着急，最后到美国来跟我讲道理，还是老一套，批评加指责，"涵涵很气愤，"气得我自己跑回国内，以后什么事情都不和他们商量了。"

"嗯，我能理解，"我点头，"让我们再回到这个梦里，你去感受整个梦境，看看整体上这个梦在说什么？"

想了好一会儿，涵涵说："关系……我与爸爸、妈妈的关系、我与前夫的关系……"

"这些关系在梦里的体现是要告诉你什么？"我很有深意地问。

"以往的关系带给我的是伤害。"涵涵深深地点头，"所以，我选择放手。"

◆ 梦 的 解 析 ────────────────────

这是个关于离婚的梦。梦里呈现的是不良关系带给梦者的创伤。

因为是现场释梦，我只能利用那些当下可以带给梦者感悟和觉察的信息去工作，所以会忽视一些基本信息，譬如：讲意大利语的小男孩儿、给梦者胶带的非洲女人。这些我都没来得及让梦者去感悟和觉察。其实，虽然我们没有去感受那个讲意大利语的小男孩儿，但梦者在释梦的这个过程中是可以感受到的，那就是前任丈夫。梦者要与丈夫离婚，丈夫再有多少不是，梦者的内心里也会有不舍的情感，最后还是无奈地让小男孩儿离去，这是关系创伤带给梦者的结果。至于那个非洲原始部落给她胶带的非洲女人，我没有机会让梦者去觉察，所以，也就不能明确这个信息带给梦者的真正含义。我自己的感受是，原始部落的女人让我想到女娲或女巫，她是智者的化身，让我联想到智慧女神。当然，她也可能是梦者内在的一个子人格形象：或是内在母亲，或是内在的自己，抑或是梦者经历中的某个重要人物等等。

之所以说这是个关于离婚的梦，主要表现在：胶带给涵涵的感受像手术手套，它能起到隔离细菌的作用，这实际上是梦者想与前夫屏蔽有矛盾的关系（在咨询当中我也感受到，她潜意识里也在屏蔽与父母之间的关系）；再有，"环绕着整个指根部位，就像一个救生圈"，一只有毒的昆虫咬到了梦者的左手无名指根部，那个位置是戴结婚戒指的地方，也就是说这个婚姻是有矛盾的。

这个梦主要诠释的是夫妻关系带给梦者的创伤，也让梦者感受到这种关系的更深层次是父母带给她的创伤。

出生

半月（化名），女，38 岁，职业：注册会计师。有一 13 岁女儿。夫妻关系一般。因与女儿之间的关系问题来我这里求助。这个梦是我们工作了 12 次之后她做的。

来访者讲述的梦境

我梦见自己被绑得很紧，浑身上下都被捆得结结实实，越挣扎束缚得越紧。这个时候我想到了放松，当我可以不去管眼前的事情，我发现束缚我的绳子就会松一些。后来，我发现那些不是绳子，是像蚕茧的东西。我想从里面出来，可是已经没有力气了，我歇了好久，然后往外爬，当我爬出来的时候，我发现我不是蚕蛹，也不是蝴蝶，是一只黑色的大蜘蛛，这只大蜘蛛织了一张大网，网上有一只小昆虫。

之后就醒了。

与来访者交流

"你梦见自己被绑得很紧，浑身上下都被捆得结结实实，那是种什么感受？"我问。

半月："感觉一动也动不了，越挣扎束缚得越紧。"

我："我们一起工作十多次了，结合你近一段时间里的成长，去感受这种被束缚的感觉，你能想到什么？"

半月："感觉很像爸爸、妈妈给我的约束，他们好像掌管了我的一切。"

"嗯，"我点头，"当你想到放松，不去管眼前的事情，束缚你的绳子就会松一些……眼前的什么事情让你放不下？"

半月："女儿的状态……女儿的学习。"

"当你放松的时候，绳子也放松一些，但又感觉那不是绳子，是蚕茧之类的东西。"我看着手里的记事本说。

半月："嗯，感觉捆绑我的不再是绳子，而是有些黏稠的丝网。"

"黏稠的丝网……你什么感受？"我问。

半月："我被包裹在里面，有些透不过气来。"

我："有些透不过气来……还有什么感受？"

半月："我想冲破这些丝网，却没有力气。"

我："嗯，感觉没有力气了……后来你终于爬出来了，当你发现你是一只黑色的大蜘蛛，你什么感受？"

半月："我有些要崩溃了，内心在喊，我不是这么丑陋的黑蜘蛛。"

"网上的那只昆虫是什么昆虫？"我问。

半月："螳螂。"

我："螳螂……看着这只螳螂，你能想到什么？"

"呵呵，"半月笑了起来，"很细长，我女儿也很瘦弱，我想到了这只可怜的螳螂是我女儿。"

我："你说'可怜的螳螂'……那是什么意思？"

半月："不用再释梦了，我感受到了，我像爸爸妈妈束缚我那样在束缚我的女儿……她……她好可怜。"

梦 的 解 析

这是个关于出生的梦，也是个自我觉察的梦。

梦者以前是被父母用绳子"捆绑"着，而这些方式却被她全部继承下来，只是方式有所改变，不再是父母用的"绳子"，而是用更黏稠的蜘蛛网"捆绑"着自己的女儿。当然，这里的捆绑是超级约束的意思，不是现实生活中真的把人绑起来的意思。

当梦者感受到自己对孩子的模式与父母对自己的模式有类似的地方，她就能感受到女儿像她一样的痛苦（所以她说"可怜的螳螂"，即可怜的女儿）。感受到了，梦者就知道该怎么去做了，当然，这种不良的关系模式就会松动，逐渐朝良性的关系模式发展和变化。

鸽子

大欣，40 岁，男，心理咨询师。

大欣一直利用沙盘游戏疗法做心灵成长。[1] 在他做完第 31 个沙盘的三个小时之后，做了一个梦，他的叙述如下：

我梦见在我家过去的老红瓦房顶上有一只成鸟，它大概有鹌鹑那么大，灰色的。在它旁边有一个方形盛满水的鱼缸。我把这只鸟放进鱼缸里，它变成了一只雏鸟，黄黄的嘴角和大大的嘴巴，在水里游起来，它还会潜水，游得很畅快。这时我发现有一条蛇在鱼缸里，像我沙盘治疗室沙架上的一条响尾蛇。我心里想，这条蛇会吃了这只小鸟。当小鸟浮出水面，从响尾蛇身边经过的时候，我捏了一把汗，但响尾蛇并没有去吃这只小鸟，而是任由这只小鸟从它身边游过。我松了口气，从鱼缸里把小鸟拿了出来。这时我家的房顶好像变成了我沙盘游戏治疗室里的沙架（沙盘游戏治疗技术里用来摆放各种沙具的架子）。我把小鸟放在沙架上，它变成了一只蔚蓝色，脖子略带藕荷色的母鸽子，而且头上有三颗鲜亮的红色斑点。

之后，我又稀里糊涂地梦到自己走到老房子前院的鸽子窝（我十几岁的时候养过鸽子），看到一只公鸽子在房顶咕咕地叫，心想，如果把刚才的那只母鸽子拿来，也许它们就能生活在一起，并能诞生新的小鸽子（我眼前浮现出鸽子蛋）。

这之后，我又梦到我在工作室里自言自语。意思是要去指导站（做公益心理咨询的地方），我和一名治疗师分别为一个来访者做咨询，我想把那个治疗师和自己对那个个案的资料整理到一起，成为一个完整的个案资料。

我与大欣的交流

讲完这个梦，大欣靠在沙发上，看着我。

"这个梦信息量很大，你是说我们做完沙盘不久做的梦？"我确认。

"是的。"大欣回答。

"我记得你的沙盘里有鸽子。"我看着大欣。

"是的。"大欣点头。我是大欣的同事加高中同学，我也是他的督导老师之一。他第 31 个沙盘中摆放了一只鸽子。那只鸽子在沙盘的中央。

"过去的老房子、一只不大的灰色成鸟……这让你想到什么？"我悠悠地说。

大欣闭上眼睛，回到梦境里，"……没想到什么，就是过去的家。"

"嗯。"我点头。

从梦中的情境中出来，大欣睁开眼睛，看到我用期待的眼神看着他。他皱起眉头，尽量让自己去感受。过了一会儿，他忽然感受到了点什么，他说："对那个老房子和灰色的成鸟分别感受，我没有特别的感觉……不过，当把房子和鸟放在一起去感受，我忽然感觉这两个意象好像是象征着我自己。"大欣喝了口茶，继续说，"摆完上次的沙盘，我有种脱胎换骨的感觉，或许这就是沙盘游戏治疗的好处吧……老房子和灰色的成鸟是过去的我。"

大欣看着我，我的面部表情没有流露出什么信息。过了一会儿，我问："灰色的成鸟放进鱼缸里，变成了黄嘴巴的雏鸟，你有什么感受？"

"感觉有些许害怕，但更多的是新奇和如鱼得水的感受。"大欣说。

我："那条响尾蛇让你想到什么？"

大欣："有些拘谨，有些胆怯。"

"这条蛇像谁？看看是否像你身边的某位亲人。"我慢慢地说。

大欣又闭上眼睛，去感受那条蛇。过了一会儿，他说："像我爸爸……我感受到那只黄嘴巴的雏鸟经过响尾蛇的时候，那种拘谨、胆怯的感受，很像小时候的我对爸爸的感受。在我4岁左右的时候，记得有一天，我从院子里往房子里走，走到门口的时候，看到爸爸正用严厉的眼神看着我，或者用严厉一词不够准确，那种眼神里有讨厌、气愤的成分。作为孩子，从那时起，我就对父亲有了拘谨和胆怯的感觉。"

"再感受一下小时候你与父亲的关系。"我建议。

大欣闭上了眼睛，静静地去感受一个幼小的心灵对爸爸的感受。这大约用了几分钟的时间。

"雏鸟游近响尾蛇的时候，你也有些担心，觉得雏鸟有危险，但却发现响尾蛇并未对雏鸟怎样。"大欣的感受被我打断。他睁开眼睛。

"嗯，小时候感觉爸爸不喜欢我、讨厌我，其实并不是那回事。"大欣说，"四岁时那次是父亲与母亲才吵完架，父亲沉浸在自己的情绪里。"

"可小孩子接收到的信息却是爸爸不喜欢我。"我点头。

"是的。"大欣也点头。

"再来看看房子变成了沙架、雏鸟变成了鸽子吧。"我建议。

"这个不用感受了吧?"大欣说，"我是用沙盘在做心灵成长的，可以说是我在沙盘游戏治疗技术中成长了。"

"这么理解也有一定道理。"我说，"关键是那只头上有三颗鲜亮红色斑点的鸽子，你有什么感受?"

"感觉很漂亮。"大欣答。

"还记得以前你摆的沙盘吗，在鸽子的位置，你摆放过什么?"我问。

"好像是狩猎女神。⁽²⁾"大欣想了想说。

"嗯，当时我就有种感觉，觉得你的阿尼玛⁽³⁾就是狩猎女神。现在又出现了母鸽子。"我陷入了沉思……"你对鸽子头上的三颗红斑点是什么感受？"

"就觉得很美、很大气，没什么太大的感受，但很安心和沉静。"大欣答。

"我总感觉那三颗红斑点有些什么，但也说不清楚。"我说，"之后你又梦到了一只公鸽子，它让你想到了什么？"

"我小的时候养过鸽子。"大欣感受了一下说，"那只公鸽子让我感到孤单。"

"那时候你多大？"

"好像十三四岁吧。"

"嗯，进入青春期了。"我笑着说。

"没进入青春期的时候我也是自己玩，内心很孤单，爸爸妈妈都在忙工作，我的哥哥们比我大很多，都下乡了，很少看到他们。"

"公鸽子和母鸽子在一起会怎样？"我调侃地问。

"它们在一起就不会孤单……还会下蛋。"大欣笑着说。

"是一种结合对吗？"我问。

"是的。"大欣点头。

我："再加上你后来的梦——把两个咨询师做的一个个案整理到一起，你想到了什么？"

"统一起来……完整。"大欣恍然大悟。

梦 的 解 析

这个梦对于大欣而言，是心灵成长与心理整合的梦。也可以叫作自性化[4]的过程。

老房子上的玻璃鱼缸里的鸟与蛇——鱼缸是透明的容器，它代表着一个空间。透明的玻璃，可以让人更清楚地看到里面的情景和事物。玻璃鱼缸里的鸟与蛇，代表着一种关系，是关于父亲与小时候的大欣之间的关系。大欣就是那只鸟，父亲是那条蛇。这里要说明的是，大欣是成年人，所以梦境中一开始是成鸟，而蛇与鸟的关系是他小时候的感受，并非成年之后的感受，所以当成鸟被放进鱼缸，就变成了雏鸟。这种关系里有大欣儿时的感受，而这种感受影响了他以后的人生（不自信、过于敏感等）。成年之后大欣知道父亲不是蛇，他不会吃了他，但小孩子的感受就是父亲不喜欢他，讨厌他，他与父亲接近会很危险。

了解了童年与父母亲之间的关系，这些关系带给自己什么感受，以及这些感受在未来形成什么问题，人就会成长，就会自我觉醒。所以，当大欣回到当下的时候，他就有所收获，有所成长——头上有三颗鲜亮红色斑点的母鸽子（大欣的人格中有细腻、敏感的部分，这更像女性的特质）。梦里有沙盘、沙架、沙具，而大欣恰恰是利用沙盘游戏治疗技术来做成长的，这与现实更加吻合。

对于头上有三颗鲜亮红色斑点的母鸽子，大欣并没有什么特殊的感受，只是看到它，他就有种安稳、温馨的感受。蔚蓝色是博大的色彩，是永恒的象征，它是最冷的色彩之一。这种颜色能表现出一种美丽、文静、理智、安详与洁净。由于蔚蓝色沉稳的特性，具有理智性；藕荷色具有温馨、抒情、优雅、冷艳的象征意义。回想起来，大欣的原生家庭人与人之间的关系主要也是有着冷的感受。这里提醒大欣的还是关系。在接下来的几天里，大欣告诉我，他的眼前经常浮现母鸽子头上的三颗红色斑点，不经意间他随口说出了"三花聚顶[5]"几个字。简单地说，三花聚顶也是心灵成长，是顿悟、统一、和谐。梦境中有鸽子蛋的影像，这或许也代表着诞生。

接下来的梦境中想象母鸽子与公鸽子放在一起，这也是关系中的结合，是统一。最后的那段梦，也是重复再重复地在讲整合。

注释：

（1）心灵成长：

所谓心灵，可以定义于精神。我们不仅是物质的存在，也是精神的存在，生活不仅是为了满足我们的物质需求，更是为了实现我们的精神价值。心灵成长，不是自动或偶然发生的，是我们主动努力和追求的结果，它是人类精神进化的没有终点的旅程。广义而言，任何对自然、生命和自我的新的感受、体验和领悟都可以视为心灵成长的具体内容。而狭义上讲，心灵成长指的是一种自我的觉察与醒悟，越来越了解自身，拥有自己的使命感。

（2）狩猎女神：

古希腊神话中的狩猎女神、月亮女神是阿尔忒弥斯；在罗马神话中叫狄安娜。她是宙斯和提坦女神勒托的女儿，也是太阳神阿波罗的孪生姐姐或孪生妹妹。阿尔忒弥斯是奥林匹斯山上十二主神之一。她与雅典娜和赫斯提亚并称为希腊三大处女神。

（3）阿尼玛与阿尼姆斯：

荣格在分析人的集体无意识时，发现无论男女在无意识中，都好像有另一个异性的性格潜藏在背后。男人的女性化一面为阿尼玛（anima），而女人的男性化一面为阿尼姆斯（animus）。阿尼玛与阿尼姆斯是荣格提出的两种重要原型。阿尼玛原型为男性心中的女性意象，阿尼姆斯则为女性心中的男性意象。因而两者又可译为女性潜倾和男性潜倾。

（4）自性化：

除了我们普通意义上的自我（人们意识层面的自我）以外，在每个人的内心深处，还存在着一种内在的自我，也称之为"自性"。荣格所要表达的是这样一种过程：一个人最终成为他自己，成为一种整合或完整的，但又不同于他人的发展过程。于是，自性化意味着人格的完善与发展，意味着接受和包含与集体的关系，意味着实现自己的独特性。

也就是说：一个人越来越了解自己，知道自己是谁（独特性），知道自己与别人的不同（与他人的区别），同时也知道自己是个普通的男女。

（5）三花聚顶：

三花聚顶是中国道家内丹学术语。古代花字与华字相同，也叫三华聚顶。三华为天、地、人。三花聚顶是说人修持（心灵成长）到一定境界，达到天地人合一，即自然与人的和谐统一。

第二部分
释梦在心理咨询中的运用

　　这一部分主要是叙述大部分心理咨询过程。当然，我所列举的个案都涉猎来访者的梦境。笔者希望让读者知道，心理咨询师是怎样利用来访者的梦境工作，以及梦境怎样使来访者改变，走出困境。这部分的重点不是放在对梦境本身的解释上，而是直接利用来访者的梦境工作。这种工作有很多种方法，而积极想象和感受尤为重要。

　　心理咨询是要遵循理论依据的。在这部分里，作者运用人本主义心理学为主要依据，强调来访者的自省、自性能力，尊重来访者的自我觉察。也就是从人本的角度来诠释解梦在心理咨询中的应用与功能。

　　人本主义心理学兴起于 20 世纪五六十年代的美国。由马斯洛创立，以罗杰斯为代表，被称为除行为学派和精神分析以外，心理学上的第三势力。人本主义和其他学派最大的不同是特别强调人的正面本质和价值，而并非集中研究人的问题行为，并强调人的成长和发展，称为自我实现。

　　以人本主义哲学理论为基础的心理学大师马斯洛认为，人都有一种改善自身的冲动，希望能更多地发展和运用自己所具有的才能和潜能，以便使自己的一生获得更大的发展和成功。人怎样能使自身人性一步步走向完善，达到自我实现[1]呢？马斯洛的回答很明确：我们需要做的就是观察和探索。而梦境也是一种自我探索、自我觉察的重要工具，它也是抵达人们潜意识的桥梁。

在咨询过程中，咨询师能接收更多来访者的个人信息，这些信息在释梦中都会起到一定的作用。

注释

（1）自我实现：

是指人都需要发挥自己的潜力，表现自己的才能；只有当人的潜力充分发挥并表现出来时，人们才会感到最大的满足。

人本主义的心理学大师马斯洛（Abraham Harold Maslow）在 19 世纪 40 年代提出的需求层次理论中，他将研究重点放在心理健康的个体上，特别是那些所谓"自我实现"（Self-actualized）的人身上，尝试归纳出那些对生命感到满意、能发挥潜能又具有创造力的人的共通点。马斯洛发现，这些人之所以较不易受到焦虑与恐惧影响，是因为他们对自己及他人都能抱着喜欢及接纳的态度。他们虽然也有缺点，但因为能够接受自己的缺点，所以他们较一般人更真诚，更不自我防卫，也对自己更满意。人本主义的心理学家及教育家相信每个人天生均具有自我实现的倾向，根据马斯洛的需求层级理论，当一个人较低层次的需求（如安全感）获得基本满足之后，他便会转而尝试满足更高层次的需求（如自我实现），他对生命的满意度也随之提高，但是当这样的倾向受到阻碍，特别是孩童时期父母冷酷或拒绝的态度，便会影响到这个人的自我概念的健康发展和他对现实世界的觉察，这个人开始自我防卫，甚至从真实的感受中抽离出来时，更难成为自我实现的人。

我杀了妈妈

　　一个春日的傍晚，我在整理卷宗，那是一些刚刚结束的个案资料。一个名字出现在档案的标题栏——肖强（化名）。这个名字我很熟悉，我与他工作了近半年的时间。

　　谈起肖强，还要从一个电话说起。一天，我接到一个陌生男人的电话。他说他要崩溃了，晚上不敢出门，要蒙着被睡觉，白天就想开着越野车从山上冲下去。而且最近一段时间脾气很暴躁，和身边的朋友发火，对女友的火就更大，女友在他的暴躁下也要崩溃了。他不知道自己怎么了，很焦虑，他说他想尽快见到我。

　　通话后的第三天，在工作室我见到了肖强。他很消瘦，但很帅气，一身穿着很考究，我能闻到一丝淡淡的烟熏味道。他剃着光头，一副很干练的样子。在咨询档案的表格栏里，他填上了肖强，27 岁。

在婚姻栏里填的是"待婚"。我问他"待婚"是什么意思。他说就是即将结婚，正在装修房子。

"待婚"一词我是第一次听到，觉得蛮有意思的。我笑了笑请他坐下来，为他倒了杯水，示意他可以说说他的问题。他一坐下来就说："我最近脾气太不好了，自己有时想打自己，还一直对欣欣（化名）发火……哦，欣欣是我未婚妻……发完火就道歉，之后还是改不了，接着发火……"

"这种状态持续多久了？"我打断肖强的话。

"三个月了。"肖强想了想说，"我找了精神科大夫，他们想给我用药，是什么缓解抑郁的药，我没吃，我觉得我是心理疾病，就到处找心理医生，哪知道他们都是想给我用药……最后在网上找到了您，您也用药吗？"

"我是心理咨询师，没有处方权的，当然就不能给你用药。"我微笑着说。

"那就好，那就好。"肖强有些窃喜。

"为什么那么怕用药？"我饶有兴致地问。

"说不好……或许是怕用药会把自己弄傻了。"

我点点头，表示理解。"三个月前发生了什么事情？"

"我和几个朋友去登山，当爬到一个悬崖上的时候，我向下看，之后就有种想跳下去的感觉……那感觉很强烈，让我现在想起来还心有余悸。"肖强攥紧了拳头。

"嗯，之后呢？"我问。

"回来后就开始发脾气，晚上就开始冒汗、心虚，浑身一点力气也没有。"肖强抬起头看着我，"老师，我该怎么办？"

"谈谈你的父母吧……我看到你填表的时候，主要亲人就写了父亲一个人，那母亲呢？"我问。

"妈妈去世多年了……嗯，我15岁的时候就去世了。"肖强把身体靠在沙发靠背上，显得一点力气都没有。

"嗯。"我看着肖强，等待他继续说下去。

"爸爸、妈妈在我7岁的时候就离婚了，我是在姥姥家长大的，姥爷早就去世了，姥姥对我很好……她去年也去世了。"肖强的眼圈红了起来。

"父母怎么生活的？"我问。

"爸爸自己过，有时会来看我，给我买点东西就走，我们很少交流……妈妈经常会去学校接我，把我送到姥姥家之后也很快就走了，她做买卖，很忙，不在姥姥家住。"

我点头。

"再有……我妈妈是我杀死的。"肖强的眼睛黯淡下来。

"是你杀了妈妈？"我看着肖强的眼睛。

"是的……在我15岁那年，"肖强喝了口水，很镇定地说，"我在初中学习不好，每天就是和一些不怎么学习的同学混……爸爸、妈妈离婚后也不怎么管我……我那段时间就知道玩……记得有一天我看到一个不上学的哥们儿，他骑着一辆摩托车，很威风的……就想自己也有一辆该多好，我就想去找妈妈要。"

"嗯。"我认真听着肖强所说的每一句话。

"记得那是一个下午吧，天快黑的时候，我去妈妈那里，向她要摩托车……妈妈很爽快就答应了，她告诉我，对面屋的张叔叔欠她钱，等她要回来了就给我买摩托车。"肖强的表情很沉重，一丝痛苦的表情划过他的眼角。

我尽可能地放松自己，去感受肖强的情绪。

"当时我很开心，就回姥姥家睡觉了……睡到半夜的时候，有人敲门，我开了门一看是舅舅，他很着急的样子，我问他来做什么，他说我妈妈死了，是被杀死的。"说到这里，肖强的情绪反而沉静下来，像在述说一件别人的事情。

"后来呢?"我问。

"后来……我不相信舅舅的话……但那是真的，妈妈真的被杀了。"肖强不经意间笑了笑。

"究竟是怎么一回事呢?"我放缓了语速问。

"我要摩托车的那天晚上，妈妈等张叔叔回来了，就去他家要钱，张叔叔说现在没有钱，还不上妈妈，他们就吵了起来……张叔叔的傻儿子从厨房冲出来，拿着菜刀，把妈妈……"说到这里，肖强说不下去了。

"嗯，我知道了。"我看着肖强，在他的杯里又加了些水。

我又问了一些关于肖强的自然情况，就结束了这次咨询。他走后，我给他的爸爸打了电话，也了解了一些情况。

肖强在母亲去世后，就像变了一个人，不再和那些朋友混日子，并且越来越懂事，在工作中也很努力。现在他经营着一家网店，并在商厦有一间 200 多平方米的仿古家具店铺。

第二次见到肖强，是一星期后的一个下午。

他一走进我的工作室，就和上次一样，喋喋不休地讲他的发火和道歉。等他把上次说过的话又说了一遍后，我问他最近做了些什么。

他说："我前天和两个朋友去山里飙车了。"

"怎么飙车的？"我很有兴趣地问。

"就是我和那两个朋友一人开一辆越野车，先开到山上，再看谁先到山脚下。"肖强很惬意地说。

"你们的越野车都是自己的？"我问。

"是的，我去年买的，全下来花了我 60 多万。"肖强很满意的样子。

"以前你们也这么飙车吗？"我问。

"没有，以前都是大家开着车去各种地方玩……去有湖的地方钓鱼、去海边吃海鲜什么的……只是前天我们才这么玩的。"

"从山上冲下来的时候，你什么感觉？"我问。

"很刺激……没有以前在悬崖上想跳下去的可怕感觉……很舒服、很爽。"肖强笑着说。

"很舒服、很爽、很刺激。"我像是在梳理肖强的话，也像是在感觉他的感受。德国海灵格科学的创始人海灵格认为：当一个人出现两种状况（躁狂和抑郁），很可能是认同了两种情绪，一种是谋杀者的情绪，一种是被杀者的情绪。刚刚肖强的谈话让我想到了他有想去死的冲动，也许会有想杀人的冲动，我不敢确定，所以我忽然问他："你想到过杀人吗？"

肖强错愕地看了我一眼，说："想过。"

我点头。

"最近一段时间……有时看着熟睡的欣欣，我就想杀了她……我很害怕，害怕我真的会杀了她。"肖强哭了起来，就像一个十八九岁的大男孩儿。

我没有阻止肖强的哭泣，只是默默地陪伴着他。等他停止了哭泣，我再次放慢了语速说："闭上眼睛，想象着妈妈和那个杀害妈妈的人就站在你面前，你想对他们说什么？"

肖强闭上眼睛，过了一会儿说："我不想说什么。"

"看着妈妈，你什么感受？"我把声音放低。

"我想和她在一起。"肖强很认真地说。

"很好……那么，就把你的想法告诉妈妈。"我用鼓励的语气说。

"妈，我想和你在一起。"肖强又轻轻地哭泣起来。

我没有说话，等待他自己平复下来。

又过了一会儿，等他的情绪平缓后，我问："看着那个杀害妈妈的人，你什么感受？"

"没什么感受，他是一个精神病患者。"从肖强的语气中，我没有感觉到他有愤怒的情绪。

"那好吧，"我说，"现在，再看着妈妈，对她说，妈妈，我同意您的命运。"

"妈妈，我同意……我不同意您的命运。"肖强闭着眼睛，倔强地说。

"嗯，让我们从这种状态里回到现实中来……我会从1数到3，当我数到3的时候，肖强就会回到现实中来……回到咨询室里来……回到这个你坐的沙发上来……"我开始数数："1……2……3……睁开眼睛。"数到3的时候，我打了一个响指。

肖强睁开眼睛，看看我，又看看他的前方。我告诉他，下周的这个时候再来见我，就结束了这次咨询。

我知道，当一个人内在存在着很大问题，他是无法面对自己的，也无法面对他人的命运，就像肖强无法面对母亲的死亡。这不是着急的事情，在接下来的咨询中，我利用沙盘游戏治疗技术与肖强工作了16次。肖强从童年的一次次创伤中成长起来，也开始真正面对母亲的死亡。这里着重谈谈肖强的第16次沙盘，他在沙盘的中央摆放了一座建筑，那是一座教堂。当我让他感受的时候，他说他感觉很舒服、很平静。在这个沙盘里，除了这座教堂，再没有其他东西了，我感觉到肖强的个案咨询要结束了。果不其然，在下周见面的时候，他讲述了他最近做的一个梦。

肖强说："我梦见沙盘中的那座教堂，当时我站在教堂的外面，感觉它不是教堂，而是一座监狱……我走了进去，里面有很多桌子和凳子，就像现实中的教堂一样，大厅的前面也放着讲桌，中间过道铺着红地毯……我从门口走进去，沿着红地毯的道路一直往里走……我来到一扇门那里，我推开门……有着向下的阶梯，我走了下去……心里有些害怕，但我还是走了下去……我来到底下，那是一条长廊，长廊的两边都是门……每边都有三扇门……长廊的中间放了一张桌子，桌子的左手处有一长条凳子……桌子上有茶壶和茶碗……我坐在那条长凳上喝茶……之后就醒了。"

我问："你坐在长凳上喝茶，那是什么感受？"

"很舒服、很平静。"肖强想了想回答。

"很舒服、很平静……嗯，这种感觉很像你上次做沙盘时的感受。"我说。

"是的。"肖强点头。

"梦里有一条长廊，长廊的两侧各有三扇门。"我在确定。

"是这样的。"肖强继续点头。

"那些门是怎样的？打开，还是关闭的？"我问。

"我喝茶时，面对的那三扇门是开着的，背对着的那三扇门是关着的。"肖强闭上眼睛，极力回忆着他的梦境。

"开着的门……嗯，开着的门里有什么？"

"什么都没有，是空的房间。"

"那背对着你的门里有什么呢？"我问。

"我不知道。"肖强有些紧张地说。

"你可以让自己放松下来，依然闭着眼睛……这很好……现在回到你的那个梦里……是的，你可以回到你的梦境里……你坐在那条长凳上喝茶……很好……"我慢慢把肖强带进他的梦里。

肖强的眼皮抖动了一会儿，慢慢放松下来。

"很好，肖强已经让自己放松下来了……你在喝茶……嗯，接下来你要做什么?"我放低声音，让发声的部位靠后，这能更好地诱导肖强去想象。

"我在喝茶……之后站起来……我转过身子，面对着那三扇关着的门。"肖强断断续续地说。

"很好，接下来你还要做些什么?"我的语气里有些许期待。

"我看着那三扇门……看着最外面的一扇门。"肖强弱弱地说。

"看着最外面的一扇门。"我跟随。

"嗯。"

"你想做些什么?"

"我打开了那扇门……门上没有锁，但如果我不开，别人是打不开的。"肖强说。

"嗯……如果你不愿意打开这扇门，别人是打不开的。"

"是的……我很紧张……有些害怕。"肖强的呼吸有些急促。

"让自己放松下来……做个深呼吸……很好……吸气……憋 3 秒钟……吐气……"我协助肖强慢慢平复他紧张的情绪，"很好……现在肖强要做点什么?"

"我推开门。"肖强说。

"嗯，你推开门。"我继续跟随。

"房间里很暗……这是一间牢房……有一张床……别的什么都没有了……哦，在门边还有一个马桶，别的就什么都没有了。"肖强表达得很清晰。

"很好……你此刻什么感觉?"我问。

"感觉轻松了很多。"

"接下来你还想做点什么?"

"我没那么紧张了……我想去看看接下来的房间。"肖强的面部松弛了很多。

"很好……那么,就去做吧。"我用鼓励的语气说。

"我打开了第二个房间的门……里面和第一间差不多……也有一张床……床上……"肖强的声音有些惊奇,"床上躺着一个人……脸朝向墙壁侧身躺在那里。"

"那个人是谁?你认识吗?"我问。

"认识,是张叔叔。"肖强皱了皱眉头说。

"嗯,接下来发生了什么?"我问。

"他转过身看着我……好像他是跪在床上的。"

"嗯,接下来呢?"我看着肖强,继续问。

"他想和我说什么,可是我听不到。"肖强又皱了皱眉头说。

"他说了些什么,你听不到。"我跟随。

"好像他在请求我什么……我听不到。"肖强说。

"他在向你请求什么……你却听不到……他究竟要做什么呢?"我自言自语。

"他好像在请求我……他想走出去……他不想在监牢里待着……我感觉只有我可以放他出去。"肖强说。

"只有你才可以放张叔叔出去。"我说。

"是的。"肖强说完就沉默下来。我也没有继续说话，只是在那里等待。这是需要肖强自己处理的事情，他的内心在抉择。

过了大约 3 分钟的时间，肖强的嘴唇动了动。我问："现在你打算做什么?"

"我把他从床上扶下地，让他走了……他好像很开心的样子……对我千恩万谢……我侧过身子，让他从门里走出去……我站在门口，看着他渐渐走远……他走过长廊……走上台阶……走到那个大厅……穿过红地毯……走出去了。"肖强的语气，好像正在叙述他眼前发生的事情。

"送张叔叔走，你什么感受?"我问。

"轻松了许多……真的轻松了很多。"肖强脸上带着一丝微笑。

"嗯……轻松了许多……接下来你还要做些什么呢?"我把自己也沉浸在他的梦里。

"我想去看看第三个房间，看看里面有什么。"肖强喃喃地说。

"很好……现在就去做吧。"我鼓励着。

"我有些犹豫……有些不想打开那扇门。"肖强皱着眉头说。

"嗯。"我继续等待着。

过了一会儿，肖强说："我还是推开了那扇门……屋里和那两个房间差不多……也是一张床，一个马桶……床上有个人，也是脸朝向墙壁侧躺着。"

"他是谁?"我问。

"看不清楚……好像有很多雾气笼罩在房间的各处……"肖强说。

"很多雾气……嗯……你在哪里?"我问。

"我在门口,右手扶着门框……我在向里看……但看不清楚。"肖强有些焦虑。

"不用着急……就这样在门口待一会儿……等待着那些雾气散尽……很好,给自己更多的时间……要有耐心……就这样站在门口……等一会儿……再等一会儿。"我引导着肖强。

大概又沉默了近2分钟的时间,肖强说:"雾气没了,这些雾从门口消散了……我看到躺在床上的是个女人……我不认识。"

"床上躺着一个你不认识的女人……她有多大年纪?长什么样子?"我问。

"不知道……我在门口,看不到她的脸。"肖强轻轻地摇了摇头。

"看看接下来会发生什么。"我引导。

"好像有一个我走了进去,我在向那张床走去。"肖强用诧异的口吻说。

"你是说,你在门口站着,还有一个你走进了房间?"我求证。

"嗯,是的……我依然站在门口……有另一个我走进去了……我来到床边……看着那个女人……我也在门口看着屋里发生的一切。"肖强说。

"嗯,看看接下来会怎样。"我说。

"我走到床边,那个女人坐了起来……她是我妈啊……怎么可能?"肖强很惊诧地喊。

"嗯,原来是妈妈。"我的语气有些见怪不怪、当然如是的味道。

"妈妈坐在床上，看着我，我坐在床边……妈妈看着我笑……一会儿又哭了……我握着妈妈的手……她的手很凉……我帮她暖手……"肖强的表情很温暖。

"嗯。"我迎合着。

"我感觉……妈妈又不是妈妈了，好像是我的未婚妻……又像妈妈了……我有些糊涂了。"肖强又皱了皱眉头说，"我站在门口，就这样看着妈妈和我……妈妈又笑了，她像个小孩子，很开心……我拉着妈妈的手，从床上下来……妈妈和我一起手拉着手，像两个小朋友……他们向我走来……穿过了门，他们向外走……他们变大了……妈妈三十几岁的样子，我好像十四五岁的样子……他们走上了阶梯，走到那个大厅里……我在后面尾随着他们，也走到大厅里……妈妈和我回过头来看我……我站在大厅的最里面看着他们……他们看看我，踩着大红地毯，并肩往大门口走去……我也跟在后面，一直送他们走出这个教堂。"

"嗯。"

肖强继续说："我也走到教堂的门口……我看着他们踩在水泥道路上一直往前走……那条路通向了天边……他们不时回过头看我……我也有些恋恋不舍……最后他们走远了……消失在那条路的尽头……"

"你和妈妈消失在那条路的尽头。"我跟随。

"我站在教堂的门口，看着他们远去……心里有些失落……"肖强用有些无奈的口气说。

"心里有些失落。"我继续跟随。这样有一个好处，不会打扰肖强此时的状态。

"看着妈妈和我消失在远方之后，我转过头来看着这座教堂，看着教堂的大门，我有些依依不舍……不愿意离去。"肖强的头轻轻抬起，就像仰视着那座教堂的房顶。

我没有说话，就这样静静地陪着他。

过了好久，肖强睁开眼睛。我说："肖强现在可以同意妈妈的命运了。"

肖强点点头，看着前方说："妈，我同意您的命运。"

这个个案到这里就结束了。这个梦来自于我与肖强十多次的咨询工作，来自于他的心灵成长。从"妈妈是我杀死的"内疚感开始，到同意妈妈的命运，我们共同经历了四个半月的时间。接下来，我尽量完整地分析一下个案的问题，以及个案当事人是怎样通过梦境成长的。

肖强在很小的时候父母就离婚了，他在姥姥家长大，虽然他与母亲有一定的接触，但母亲一直为生计忙碌，并未把主要精力放在孩子身上。肖强的父亲与儿子很少交流，这就造成了肖强孤僻、偏执的性格。随着年龄的增长，肖强有了自己的事业，在他有了钱，即将结婚，可以更好地生活的时候，问题就出现了，"良知"[1]告诉他"我不配这样幸福地活着"，因为妈妈是因我而死的。用家庭系统排列[2]的理论来解释：肖强被两种情绪所牵引（影响）。一种是母亲的死亡，另一种是杀害肖强母亲的人。肖强的梦中出现了张叔叔，而不是直接杀死他妈妈的张叔叔的儿子，这说明在肖强的内心，真正怨恨的是间接杀死妈妈的凶手张叔叔，如果张叔叔没有向妈妈借钱，如果妈妈去张叔叔家要钱，张叔叔能及时阻止他的精神病儿子，那么妈妈就不会死。

影响肖强的这两种情绪表现为：想死的冲动（抑郁）、想杀人的冲动（躁狂）。

了解了这些信息，我们就可以来解释这个梦境，以及利用这个梦境来工作的意义了：

肖强在沙盘游戏治疗中已经经历了一次心灵成长，所以，在他最后的一个沙盘中出现了那座教堂。那座教堂代表了肖强的内心世界。这是一个整合、统一性的成长。在肖强的梦里，这座教堂又有了一个新的感受——监狱。教堂是拯救和赎罪的场域，监狱也有赎罪的象征意义，同时也有着被囚禁的意义。是什么被囚禁在监狱里？是肖强的那两种情绪（抑郁和躁狂）。这样看来，引导肖强继续做那个梦就有了治疗意义（拓展梦的外延）。

肖强走进教堂，来到类似于地下室的地方，我们可以理解成肖强进入他的潜意识状态。心理学家朱建军的意象对话技术认为，当人们想象到地下室或梦到地下室，往往是进入他的潜意识。肖强在地下室的长廊里喝茶，感觉很宁静、很舒服，这说明肖强已经开始接纳自己，开始面对母亲死亡的事实，并且很快会从他的问题中走出来，只是，这仍需要一些时间而已。换句话说，肖强仍在准备，准备去面对母亲的死亡。

在拓展这个梦境的时候，我们发现肖强的无意识在自我疗愈——肖强把禁锢在潜意识里的情绪释放出来：母亲死亡的负罪感、对杀害母亲者的愤怒。这两种情绪的形象就是母亲被关在监狱里，杀害母亲的人也被关在监狱里，随着肖强的心灵成长，他可以去面对母亲死亡的这个事件。于是，肖强的内在不再禁锢这两种情绪，而是释放这两种情绪，就是放母亲和杀害母亲的人走。这样肖强的内心就会愈发平静，不再抑郁与狂躁。

注释：

（1）良知：

我们这里所说的良知，只限于海灵格对良知的阐述：仔细观察人们为了自己的良知所做的事情，我们便能察觉到，良知的含义和我们对它的认识其实是大相径庭的。我们可以看到：

个人良知有很多标准。在我们所处的各种各样关系中，良知标准是各不相同的：在我们和父亲的关系中有一个标准，和母亲又有另一个标准；对教会有一个标准，对工作单位又有一个。也就是说，对我们所属的每一个系统都会有不同的标准。

良知方面的清白或愧疚，跟善良和邪恶并没有多大关系。许多残暴的恶行和严重的不公，常常会打着不愧对良知的幌子。在做一些正确的事情，却有违大家意愿时，我们都会感到惴惴不安。我们把那些让我们感到愧疚不安或心安理得的良知称作个人良知。

除了个人良知之外，我们还要服从系统良知。我们以前可能不曾听说过这类良知，也感觉不到它的存在。但是，我们都能体验到它的影响：就是因为这种良知，家族中的伤害才会一代一代地往下传递。

更深一层，除了我们能感觉到的个人良知，和虽然感觉不到却仍然在我们身上运作的系统良知外，还有把我们引向巨大整体的第三良知。遵循第三良知需要我们付出巨大的努力，要求我们努力修行。要我们摒弃对家族、宗教、文化和个人认同的顾虑。如果我们钟爱它，它就会要求我们抛开已知一切，跟随这个伟大整体的良知。这类良知神秘莫测，说不清、道不明，它不会遵从我们熟悉的个人良知和系统良知的法则。

（2）家庭系统排列：

"家庭系统排列"（Systemic Contellation）是心理咨询与心理治疗领域一个新的治疗方法，由德国心理治疗大师伯特·海灵格（Bert Hellinger）经 30 年的研究发展起来的。通过现象学探究问题的引发根源，呈现隐藏在现实背后的影响因素。在当今的欧美广泛地应用于康复、教育、商业、组织发展（如企业重组、企业并购、企业文化的改变）等方面，在心理治疗方面则多应用于家庭治疗和心灵成长。

从人的发展来说，家庭是最基本、最重要的一个系统。海灵格发现在家庭系统中，有一些隐藏着的、不易被人们意识或觉察到的动力操控着家庭成员之间的关系——爱的序位，并不跟随社会及文化的标准或规则运行，而是在这些标准或规则之上运行。如果我们跟随"爱的序位"和家人相处，关系会很好，大家都能够快乐和健康的成长；

如果我们忽略了它，家人会受困扰，这些困扰就是"牵连"。

　　海灵格发现，很多人的身心问题，其实都是"牵连"造成的。"牵连"可以说是"重复着一个之前的家族成员的命运"。而很多"牵连"的开始，是儿童早期凭着对父母单纯的"爱"，企图接过父母的问题引起的。用当今精神分析理念来说，是一个人没有顺利完成与父母的分离造成的。在一个家庭中，这种未完成的分离还可能是家族中一连串的"牵连"关系。"牵连"会使一个家庭成员从幼年开始就产生不能理解的思想、情绪、行为以及人际关系欠佳、疾病和心理问题，并延续在其生命中。

　　这些隐藏的动力影响或控制着我们，而我们又难以觉察它的存在，但我们可能实实在在地因没有尊重它而感受到伤害。因此，我们可从这些伤害中知晓它的存在。海灵格的"家庭系统排列"治疗，就是借由他所发展出来的方法，将"牵连"的原因显露出来，往往能找出化解的可能。

床上的棺材

玉婷（化名）是自己打电话来寻求帮助的。我问她今年多大。她说 16 岁。我问她有什么需要帮助的。她说她晚上不敢关灯，总是很害怕。我问她害怕什么。她说不知道。我问她要和谁一起到我工作室来。她说或许跟爸爸来，也或许跟妈妈来。我们约好时间，她就来了。

那是夏季的一天下午，玉婷走进来就说："老师，我可以不说真实姓名吗？"

我说："可以啊。"

"老师，为什么不问我的原因？"玉婷的眼神很狡黠。

"我觉得一定是有原因的。"我笑着说。

"可是您真的没有问我原因啊，您是在等待我自己说吗？"玉婷仍然狡黠地在笑。

"我感觉到你的狡黠。"我也在笑。

"我父母都是大夫，所以，不想让其他人知道我有心理问题。"玉婷的笑容收敛了起来。

"父母支持你来我这里吗？"我问。

"我并没有告诉爸爸、妈妈。"玉婷的笑容完全从脸上溜走。

"这样的话，就有些为难了。"我夸张地皱起眉头。

玉婷有些纳闷，"为什么呢？"

"你今年才 16 岁，属于未成年人。"我无奈地耸耸肩，并摊开双手，当然，这是从电影里学到的动作。

"未成年那又怎样？不能做心理咨询吗？"玉婷的表情有些愤怒。

"未成年人当然可以做心理咨询，在我这里最小的来访者才 4 岁，"我认真起来，"未成年人来做咨询是需要监护人陪同的。"

"我自己有很多积蓄，足够付您费用的。"玉婷握起小拳头，有些激动。

我摇了摇头，"这不是咨询费的问题，是我们的行业规则。"

"那我今天既然来了，就不要浪费时间，下次我会让妈妈陪我来。"玉婷用目光征询我的意见。

我继续摇头，"这次就到此结束吧，我不收你咨询费，"我看着玉婷渐冷的脸继续说，"如果你想寻求我的帮助，就和家长一起来吧。"

玉婷沉默了好一会儿，才起身告辞。我送她到工作室大楼的外面才回来。我的想法很简单，觉得拒绝了玉婷，多送送她，或许是某种补偿。

　　这次短暂的交流，我能感觉到玉婷有很多心事，当然，她与父母的关系一定有些问题。在接下来的一个半月里，再没有她的消息。

　　一个半月后，玉婷打电话来，说她会跟妈妈一起来。高二的课程很紧，她只能在周日的晚上六点半来我这里。我说可以为她安排时间。一般情况下，我不会把咨询的时间安排在晚上，还好，夏季的白天很长，六点半还不至于天黑。

　　玉婷是和妈妈一起走进咨询室的。她笑着介绍她的妈妈。妈妈看上去比玉婷还小，这种感觉我说不好，或许是妈妈保养得好吧，我在心里这样解释。

　　妈妈很会说话，是那种滴水不漏的人。我向母亲询问玉婷一些基本情况后，带着玉婷来到治疗室。

　　我请玉婷坐在沙发上，我也坐在与她成 90 度角的另一沙发上。我说："玉婷，今天想和我说点什么？"

　　玉婷看着我说："我跟妈妈在一起会很累。"

　　我点头，表示理解。

　　"为什么不问问我为什么会感觉很累呢？"玉婷的眼睛里又划过一丝狡黠的光。

　　"为什么我要问呢？"我也在眼睛里闪过狡黠的光。

　　玉婷没有继续说什么，而是垂下头，扳弄着手指。

　　"我感觉到妈妈很小，有时会像个小女孩儿。"我说。

　　玉婷抬起头，有些惊诧地说："是的，是的。"

"所以啊，"我看着玉婷，"玉婷有时是个小大人，就要替小女孩儿分担一些麻烦事。"

"您怎么知道的？"玉婷来了兴致，"是妈妈给您打过电话吗？"

"没有啊，妈妈没打过电话，是我的直觉告诉我的，"我笑了笑，"你就把它当作猜测吧。"

玉婷竖了下大拇指，又不好意思地缩回手，"您的直觉很准的，老师。"

"小女孩儿总有一些什么麻烦事烦你呢？"我看了一眼治疗室的门，小声问玉婷。

"妈妈晚上总是唠叨，说爸爸的不是，说自己的艰辛，我很烦。"玉婷皱起眉头。

"嗯。"我点头。

"我又不能捂上耳朵不听，很烦。"玉婷也压低了声音。

"如果捂上耳朵会怎样？"我问。

"没试过，"玉婷说，"或许她会疯掉。"

"如果妈妈疯掉了，玉婷会怎样？"我问。

"也许，我会害怕。"玉婷猜测说。

"也许，玉婷会害怕。"我重复她的话。

"嗯，害怕的时候，我就会用被子蒙上头和脚，身子一点都不会露在外面。"玉婷怯怯地说。

"露在外面会怎样？"我问。

"身子露在外面还好些，脚是一定不会露在外面，"玉婷有些不好意思，"我怕老鼠咬到我的脚。"

"老鼠咬到脚会怎样？"我拿起茶几上的一只核桃，看着它，而用边缘视觉注视着玉婷。这么做的好处是，不用眼睛直视玉婷，让她可以放松一些。

玉婷的脸红了一下，"不知道会怎样……也许，会流血。"

"也许会流血，"我重复着玉婷的话，"玉婷可以闭上眼睛，去感受一下，流血了，那是种什么感觉？"

玉婷闭上眼睛，感受了一会儿说："血是鲜红色的，"然后睁开眼睛，"不疼。"

"鲜红色的……不疼。"我重复。

"嗯。"玉婷轻声回答。

"不疼……那还怕什么？"我问。

"血会粘在被子上，会渗透在被子里，很难洗的。"玉婷的声音稍稍大起来。

我感觉到她的焦虑。接下来，我教给玉婷一些放松的方法，结束了这次咨询。我让玉婷在外面等会儿，把她的妈妈请进治疗室。我问："玉婷今年16岁了，她是多大来的例假？"

"没有啊，"玉婷的妈妈说，"我也有些焦急，这么大了，怎么还没来例假。"

"玉婷真的没有来例假吗？"我有些不相信，"但我的感觉，她应该来例假了。"

妈妈很诧异地看着我，不知道该说什么好。我请她多留意玉婷的近况。她说会留意的。我继续问她是做什么工作的。她说是外科主治医师。我又问她丈夫是做什么的。她说也是大夫，是妇科主治医师。送走她们，我一直有种感觉，觉得这个家庭很另类，但到底是怎么另类，我又说不清楚。

玉婷的下次到访，是一周后周日的六点半。在这之前，我与玉婷的妈妈通过电话。我问玉婷的近况，她妈妈说她真的来例假了，已经来过3次了，玉婷瞒着妈妈，没敢让她知道。我问妈妈最后怎么处理的。她说她告诉玉婷了，这是每个女人都要来的，并问玉婷是否了解关于女人的一些问题。玉婷说她都了解，之所以没有告诉妈妈，是因为她自己不想长大，而且她从爸爸那里接收到很多母亲难产、孩子胎死等信息，再有就是妈妈曾多次向人描述自己生玉婷的时候多么痛苦，这让她很恐惧。算起来，玉婷晚上睡觉不敢闭灯，这种恐惧的状况正是从她初潮时开始的。

在这次咨询中，我让玉婷利用自由联想⁽¹⁾的方式去感受妈妈。玉婷的感受是妈妈就像个小女孩儿。玉婷从妈妈那里根本没有得到安全感。妈妈有时也会指责玉婷，玉婷对妈妈也缺乏信任感。让玉婷感受了这些之后，我请妈妈进来，又与妈妈工作了一次。主要是和妈妈做角色扮演，让她感受到她小女孩儿的状态，以及在她指责玉婷的时候，玉婷会有什么感受。我知道，这些对玉婷的母亲接下来如何做妈妈很有好处。

又一周过去了，这天玉婷来得早了些，六点就在我的工作室外面等了。

她一进来，就告诉我她那天回去后做了一个梦。我请她详细地告诉我那个梦。她说："我梦见一个阴天，中午放学回家，家里很黑，我去开灯，灯没有亮，可能是停电，我有些害怕。当我走进自己的房间，看到床上有很多大红箱子，之后就醒了。"

"看到那些大红箱子在你的床上，你什么感受？"我问。

"有些害怕……有些不知所措。"玉婷斟酌地说。

"有些害怕……有些不知所措。"我跟随。

"那种感觉很不舒服……好像有什么可怕的事情要发生。"玉婷胆怯地说。

"玉婷可以闭上眼睛……让自己放松下来，"我把声音放慢，开始做催眠引导，"很好……就这样，让自己放松下来。"

玉婷闭上眼睛，顺从地把身体靠在沙发上。

"现在……让我们回到那个梦里……回到梦里……"我向前探了探身子，把声音压低，"很好……你走进家里，去开灯，灯没有亮……你来到自己的房间……推开门……发现床上有很多大红箱子……接下来，你想做点什么？"

玉婷嘴唇动了动，没有说话。

"现在，让自己深吸一口气……很好……1、2、3呼气……让我们再来一次……深呼吸……很好……1、2、3呼气……玉婷站在自己的房门前，看看接下来要做些什么？"我在缓解玉婷的紧张情绪。

玉婷的眼皮抖动着说："我想看看那些红箱子，又有些不敢看……嗯，我慢慢向床边走去。"

"嗯，很好。"我鼓励。

"我走到床边……我看清楚了……那些红箱子的两侧是黑色的，"玉婷的脸色有些发白，声音也有些颤抖，"我想打开那些箱子……可是我不敢那么做。"

"嗯。"我没有再说什么，就这样等待着。

"我不敢打开箱子，可又很想打开。"玉婷幽幽地说。

"如果你想打开，就想象着还有一个你，在离你不远处看着你……看着离床边近一些的你……看她会怎样做。"我让自己的语调更加平稳、厚重。

"嗯，"玉婷好像坚定了一些，"我打开箱子了……"半分钟的沉默后，玉婷说，"箱子里都是白骨和骷髅。"

"玉婷可以再做一个深呼吸，"我给出建议，目的是让她缓解紧张、恐惧的情绪，"很好……吸气……1、2、3呼气……玉婷现在什么感受？"

"不那么害怕了……那些箱子我都打开了……都是人的骨头，白色的，有大人的，也有小孩子的，"玉婷的声音平缓了很多，"它们就在箱子里，静静地躺着。"

"嗯，玉婷很勇敢……接下来你要做些什么？"我问。

"我和另一个我把这些箱子抬到户外，把它们埋在小区的花池里。"玉婷的表情松弛下来。

"嗯，把这些箱子埋在花池里。"我用等待的口吻说。

"花池里的花朵开得更加茂盛……很艳丽，"玉婷的语气有一丝喜悦，"艳丽得像鲜红的血……很有生机……很可爱。"

"玉婷可以在这种感觉里多待一会儿……很好，多待一会儿……去感受这份富有生机的感受。"我感受着玉婷的感受。

又过了一会儿，我看着玉婷脸上的一抹笑意说："现在，玉婷带着那份富有生机的感受、带着那份美妙的感受回到现实中来……回到咨询室里来……回到咨询室的沙发上来……你可以完全醒过来，"我打了一个响指，"睁开眼睛。"

玉婷在睁开眼睛的一刹那，我感觉到她喜悦的心情。

从这个案例中，我们不难看出，父母给予孩子的信息多么重要。一个生活在医生家庭中的女孩儿，会有那么大的恐惧，而这份恐惧仅仅是来自青春期女孩儿都要经历的例假。

玉婷的梦很短，那是因为她感受到了恐惧，潜意识会规避那些无法让她承受的恐惧，所以，她只看到那些大红箱子，而不是棺材。潜意识的这种规避策略，会让玉婷相对减少恐惧感。我们不得不说，潜意识的运作模式多么精妙和人性化。

玉婷的这个梦，"阴天……家里很黑……停电……大红箱子……"提供给她的信息是恐惧感，再没有其他的东西了。而梦境既然带着一些信息，那这些信息就是有价值的。释梦之所以在心理咨询中会占有特殊的地位，就是因为利用梦里那些信息，在释梦的过程中帮助来访者成长。换言之，利用咨询技术拓展梦境，是帮助来访者成长最好的方式、方法。在这次释梦中，引导玉婷去面对那些恐惧，一旦面对了，她的症状就会缓解。事实也是如此，这次工作后，玉婷已经可以关灯睡觉了。她的问题是恐惧女人的生理天赋，说到底是恐惧死亡。

注释：

（1）自由联想：

自由联想，联想实验的基本方法之一，1897 年由 F. 高尔顿开创。形式分为不连续的自由联想和连续的自由联想。可以测定人的能力和情绪等，也是精神分析学家使用的一种诊断技术和治疗方式。

自由联想法的具体做法是：让病人在一个比较安静与光线适当的房间内，躺在沙发床上随意进行联想。治疗医生则坐在病人身后，倾听他的讲话。事前要让病人打消一切顾虑，想到什么就讲什么，医生对谈话内容保证为他保密。鼓励病人按原始的想法讲出来，不要怕难为情或怕人们感到荒谬奇怪而有意加以修改。因为越是荒唐或不好意思讲出来的东西，极可能最有意义并对治疗方面价值最大。在进行自由联想时要以病人为主，医生不要随意打断他的话，当然在必要时，医生可以进行适当的引导。一般来说，医生往往鼓励病人回忆从童年起所遭遇到的一切经历或精神创伤与挫折，从中发现那些与病情有关的心理因素。自由联想法的最终目的，是发掘病人压抑在潜意识内的致病情结或矛盾冲突，把它们带到意识层面，使病人对此有所领悟，并重新建立现实性的健康心理。

律师的恐惧

付立北（化名）是在网上找到我的。他打电话来约咨询的时间，但并没有说他的问题。我们约好当天的下午 3 点钟见面。

他走进我的工作室，并没有多说什么，只是在咨询表格里写上自己的名字、年龄和职业，其他的什么也没填。我看到他的职业是律师，今年 45 岁。

我问他喜欢红茶还是绿茶。他说红茶。我就为他沏了杯滇红。在沏茶的整个过程中，他只是看，没有说话。我也专心地沏茶，没有讲话。

当我把茶杯放在他面前，他说："我最近一直很愤怒，有些难以控制，所以才到这里来。"

我看着付立北说："那还是在表格的咨询目标一栏填点什么吧。"

　　付立北点头，接过我递过去的表格，在咨询目标栏里写道"不再愤怒"。

　　"最近一直愤怒，这种状态有多久了？"我问他。

　　"往远了说，三年前就有这种愤怒了，只是我还能控制，但最近两个月我有些难以控制了。"付立北说。

　　"怎么难以控制？说说。"我向前探了下身子问。

　　"举个例子吧，前几天我去某人家取证，和那人约好9点钟见面，我开着车经过一条小路，那条路只能过一辆车，前面有一辆车停在路上，司机在和一个推自行车的人说话，我按了几声喇叭，那司机看了我一眼才慢吞吞地把车开走，我很生气，感觉胸膛里在往外喷火，当那司机走到宽敞一点的地方停下车，又和那推自行车的人讲话时，我也停下车，冲下去揪那司机的衣领，后来被推自行车的人拉开，"付立北自嘲地笑了笑，"我当时就想打他，感觉自己浑身都是劲。"

　　"遇到这种事，生气是普遍现象，但怒不可遏地要打人，是有些过了。"我笑着说。

　　"是啊，过后想想，要是真的打起来，我把人家打了，或人家把我打了，事情都很糟糕。"付立北搔了搔头皮。

　　我点头。

　　"再有，前段时间，我爱人在网上订了一个瓷盆鱼缸，到货时我不在四平，是她去取货的，她看了那个鱼缸，感觉很大，不能放在客厅里，她就给我打电话，说把鱼缸退掉，再订个小一点的，我一听就火了，我说那个鱼缸是你订的，尺寸也是你订的，退来退去的多麻烦，我在电话里就跟她喊，嗷嗷地，嗓子都喊哑了，"付立北苦笑了一下，"你说这至于吗？现在想起来我又不是心疼退货的钱，多大点事儿啊，我真是有病。"

我看着付立北说："想想你当时与爱人在电话里吵架，你喊完之后什么感受？"

"很爽……当然，接下来就是后悔呗。"付立北讪讪地说，"我怎么有时感觉自己不如一个孩子。"

"是啊，愤怒的情绪本来就来自孩子……来自我们内在的小孩儿。[1]"我点头。

接下来的咨询工作，我是用沙盘游戏治疗技术[2]与付立北工作的，一共工作了 21 次。在这期间，第 16 次工作之后，付立北曾做过一个梦，梦的内容如下：

我梦见在一个既像游泳池又像小湖的地方，这么描述也不对，或者像家里客厅的地板砖的场域……我这么描述不知道清楚不清楚……总之，是一个有水的区域，很明亮、很有光泽……有一群七彩神仙鱼在这个区域里游来游去……说游来游去也不太准确，或者说飞来飞去，它们没有在水里，而是在水面上游弋……很美。现实生活中，我也养七彩神仙鱼。我心里想，这些鱼是可以吃的，就抓了三条鱼，把它们摔死后，用右手拿着它们，它们的肉有些松散……我感觉它们的骨头围成一圈，套在我的右手食指上……一开始感觉很舒服，有些麻麻的感觉……这时我看到墙边长着一棵树……也不是树，就是一个很像肠子的东西，很愤怒、很急切地向我吹气……很像科幻电影里的另类植物……嘴长在最上端，像红色的喇叭花。我看着它，有些厌恶……它一直向我吹气……我好像没有反应过来，不知道它为什么急切地向我吹气……后来我好像一下子明白过来，它在下达命令给套在我手上的鱼……我低头一看，发现食指上的鱼骨变成软乎乎的虫子，就像海肠子那样的东西，在往我的肉里钻。我很着急，感觉这些东西一旦钻进我的肉里，就会遍及全身，我就会死掉……我在焦急中拿来一把菜刀……把三根手指一下子砍了下来……心里想，这下就不会有危险了，手指掉了有些遗憾，但心情一下子踏实下来。

"那个既像游泳池、小湖，又像客厅地板砖的水域给你什么感受？"我开门见山地问。

"很舒服的感受，"付立北说，"水的明亮和光泽让我超喜欢……我喜欢养鱼，不是我喜欢鱼，我更多的是喜欢水族箱里面的水明亮的感觉。"

"明亮的水……它给你什么感受？"我继续询问。

"很想躺在里面，很安逸、很舒适。"付立北说。

"很安逸、很舒适，"我跟随，"这种安逸、舒适的感觉会让你想到什么？"

付立北闭上眼睛，进入感受的状态，"我能想到女儿出生不久，她奶奶把她放在浴盆里的样子。"

"女儿在浴盆里的样子给你什么感受？"我问。

"很温暖、很踏实……"付立北的面部表情松弛下来，像个熟睡的婴儿。

我忽然有种感觉，而且这种感觉很强烈，我说："很温暖、很踏实……那种感觉像什么？"

"像一个封闭的区域……很温暖、很湿润、很安静。"付立北的声音很平和。

"细细地去听……你能听到些什么？"我用低沉的声音问。

过了一小会儿，付立北说："心跳……有心跳的声音……很厚重、很踏实。"

"嗯，很厚重、很踏实……那是谁的心跳？"我问。

"感觉不是我的，我能听到我的心跳……那不是我的心跳……像宇宙的心跳，"付立北的嘴唇撅了撅，"感觉像妈妈的心跳。"

"像妈妈的心跳。"我跟随。

"嗯。"付立北肯定下来。

"嗯，去继续感受那种心跳。"我建议。

过了一会儿，付立北喃喃地说："我感觉有些拥挤……身子好像被挤压着……一紧一紧的……好像要发生些什么事情。"

"你现在很安全……让自己尽量放松……去经历那些即将经历的事情……去感受。"我用催眠的语调建议付立北。

"我感觉浑身都被挤压着，"付立北有些急迫地说，"我忽然感觉一片明亮……挤压的感觉没有了……我……我喘不过气来……我……想喊……喊不出来……没有人能听到……"

"嗯，你喘不过气来，你想喊，没人听到，看看接下来会怎样？"

我说。

付立北把手放在脖子上，拽开衣领子，之后他坐了起来，并睁开眼睛。

我用询问的目光看着他。他喘了几口气说："我知道了，我出生的时候脐带缠脖子，听妈妈说是接生大夫救了我，当时我都憋没气了，是那个大夫把我倒着拎起来打脚底板，我才缓过来。"

"你刚刚经历了你的出生。"我说。

"这怎么可能……太不可思议了吧。"付立北很难相信地说。

"人生的经历，我们都会记得，只是很多经历被我们遗忘了，那只是说明它们被我们的意识遗忘了，其实它们还在那里，在我们的潜意识里。"我看着付立北说。

"我不得不相信你的话，刚刚我的感觉太真实了。"付立北点头。

"我的话其实不重要，那只不过是我的猜测，如果一定给个更有说服力的理由，我还真说不出来。"我笑了笑说，"这回再感受一下你梦里的像肠子一样的怪异植物，你能想到什么？"

"哈哈，这还用感受吗，就是脐带吧。"付立北轻松下来。

"那三条七彩神仙鱼给你什么感受？"我问。

"很美。"付立北说。

"很美，"我看着付立北，"再感受感受，看看这三条鱼还会让你想到什么？"

付立北又闭上眼睛，想了想说："就是很美，没想到什么了。"

"除了美，没想到什么了，"我跟随，"看看你周边的人，这三条鱼像谁？……不用着急，只是让自己放松下来，去静静地感受、等待，直到画面出现，看看三条鱼像谁？"

"很像妈妈、老婆和女儿，"付立北睁开眼睛说，"是她们，没错。"

"嗯。"我点头。

"我知道我为什么会对她们愤怒了，"付立北向前探身，"我出生时脐带缠着脖子，我想喊喊不出来，愤怒一定有的，我感觉妈妈听不到我喊，我会相当愤怒。"

"嗯，潜意识里会这样的。"我感受着说。

"如果是这样，很多事情都可以解释了，"付立北很认真的样子，"妈妈现在耳朵很背，我说话她听不清楚，我就会愤怒，老婆或女儿也是这样，我说话她们听不清楚，我也会这样愤怒。"

"能再具体点吗？"我问。

"我跟妈妈说话，妈妈听不见就会把耳朵凑过来，我马上就愤怒了，我会跟她喊，"付立北像得到了某种灵感，"我跟老婆和女儿说话，她们听不见，我还会愤怒地咆哮。"

我笑着点头，"这一切感觉都与你出生时脐带缠脖子有关。"

"是的，是的。"付立北连连点头。

"像肠子一样的怪异植物指示三条鱼勒紧你的食指，食指如果代表进食的话，也就是说，脐带缠脖子不仅仅让你不能喘息，而且也不能进食，不能进食人会怎样？"我像自言自语，也像在问付立北。

"不能吃东西当然会死。"付立北答道。

　　"这么说，你所有的愤怒都与恐惧死亡有关？"我问。

　　"应该是的……知道吗？刘老师，我感觉一下子明白过来，像顿悟。"付立北让自己的身子靠在沙发上。

　　我能感觉到在迷雾中的人一下子看到前方道路的样子，"你感觉这三条鱼一旦钻进你的肉里，你就会死掉，或许是这种恐惧的情绪一旦钻进你的身体，你就会死。"

　　"嗯，"付立北有些激动，"所以，我在梦里一狠心砍掉了三根手指。"

　　我点头，"如果要给个解释，或许是潜意识在提醒你屏蔽有毒关系，这种屏蔽不是要你和她们断绝关系，而是不让这些情绪再影响到你。"

　　"感觉很神奇，我轻松了很多。"付立北说。

　　"潜意识的语言是图像，很隐晦的，有时很难让我们理解，但当这些潜意识语言一旦上升到我们意识层面，症状就会缓解。"我点头。

　　付立北的愤怒是恐惧导致的。这要追溯到他的出生。他在出生时脐带缠脖子。他爸爸说，当时他的小脸憋得黑青，要不是接生大夫施救得当，他可能就憋死了。虽然付立北的意识不记得那么小不点时候的事情，但他的潜意识是记得的，这种出生就濒临死亡的恐惧会伴随着他的成长。付立北曾说过，他从小就很胆小，怕这怕那，直到42岁以后，他的胆子莫名其妙地大起来，以前不敢看别人打架，现在敢看了，以前不敢做的很多事情，现在都敢做了，特别是最近两个月，沾火就着，最严重的是他对妈妈、老婆和女儿的情绪开始失控。

这种个案在我的职业生涯中司空见惯，知道原因并不重要，重要的是让来访者真切地感受到，感受到了，症状就会马上缓解。就像我们老话说得那样"不养儿不知父母恩"，这句话我们早就知道，而且感觉很有道理，但却没有多大的感受，直到我们也做了父母，而且经历了把一个孩子拉扯到大的全过程，我们才会真正理解那句话的深意。

注释：

（1）内在的小孩：

从心理发展理论来看，我们相信个人的过去及童年经验，会对现在的自己有很大的影响。

在孩子的成长过程中，每个时间节点上的孩子都期望可以被当作"一个人"来爱，并且也有人来接受他的爱，这是使一个人在成长中学会爱与信任的关系之起点。若孩子们成长所期望的需求受到挫折、不能满足，则孩子会经验到痛苦与伤害，而影响到对自己的看法扭曲，对他人的不易信任，以及对事情麻痹等等。

一般而言，凡是带有感觉或情绪色彩的字眼，如快乐、痛苦、愤怒、高兴、哀伤等，就可能是内在小孩在说话，内在小孩儿通常是用情绪去和思想沟通的。

（2）沙盘游戏治疗技术：

沙盘游戏治疗技术是一种以荣格心理学原理为基础，由多拉·卡尔夫发展创立的心理治疗方法（荣格及卡尔夫本人，都对中国文化有着系统而深入的研究，并以此作为其心理学体系的最重要的哲学和方法论基础）。沙盘游戏是运用意象（积极想象）进行治疗的创造形式，"一种对身心生命能量的集中提炼"；其特点是在咨患关系和沙盘的"自由、尊重、同理心与被保护的空间"中，把沙子、水和沙具运用于意象的创建。沙盘中所表现的系列沙盘意象，营造出沙盘游戏者心灵深处意识和无意识之间的持续性对话，以及由此而激发的治愈过程和人格自性化的发展。

爸爸死了

丽夏（化名）是大二的学生，因为人际关系障碍来我这里求助。

她是一个很文静的女孩儿，看上去有些腼腆，说话的时候经常在笑，只是那个笑容有些假。她们刚坐下来，丽夏的电话就响了，她看看我，我说没事，你可以接电话。电话是妈妈打来的，丽夏的笑容更加不真实起来，在整个通话的过程中，丽夏就是一个很乖很乖的小女孩儿，我当时感觉了一下，多说她有 5 岁的模样。

在丽夏接电话的时候，我向姑姑了解了一下她的基本情况。

丽夏今年 21 岁，父母在她 6 岁的时候就离婚了，母亲在上海做生意，她与父亲一起生活。姑姑说，丽夏妈妈以前不怎么在意丽夏，现在丽夏大了，她妈妈才开始对丽夏好起来，每次妈妈回来，都会和丽夏待一段时间，给丽夏买些漂亮衣服，只是，妈妈的心并不在丽夏身上。丽夏与妈妈之间的关系还算可以。

姑姑还说，丽夏最近两年与人交往很有问题，要么霸道、执拗，要么讨好，总之经常会受伤。

丽夏接完电话，我把她带到治疗室。她坐下来后，就看着我笑，那笑容有讨好的意味在里面，这让我有些心疼。

我问："丽夏的问题是什么？"

"我不知道怎么和朋友或同学相处。"丽夏噘了噘嘴。

"你从来就不会与朋友或同学相处吗？"我有些好奇。

"不是这样的，老师，"丽夏甩了一下头，"我小学、初中、高中有很多朋友，她们与我都很好的，只是最近才有些问题，我感觉我不知道该如何与人交往了。"

"最近是多长时间？"我问。

"上大学之后。"丽夏咬了咬嘴唇。

"上大学之后。"我跟随。

"是的。"丽夏很肯定。

"那也就是说有两年的时间了？"我若有所思。

"差不多吧。"丽夏回答。

"在两年前后，你的生活发生了什么变故？"我问丽夏。

"没什么变故啊，"丽夏睁大了眼睛看着我，"哦，我上大学是个不小的变故吧。"

"再想想，看看丽夏在上大学的前后，周边都有什么变化？"我给出建议。

"哦，"丽夏好像想起了什么，"在我高考之后吧，就是分数出来的时候，我的分数过了重点本科分数线，妈妈由上海打来电话，很兴奋。"

"妈妈很高兴……嗯，爸爸也高兴是吗？"我问。

"爸爸当然高兴，记得爸爸那几天一直在电脑前守着，查我的分数。"丽夏露出温馨的笑容，这个笑容是真实的，我能感觉到。

我："爸爸很紧张你，对吗？"

"是的。"丽夏点头。

"谈谈爸爸和妈妈吧。"我再给出建议。

"爸爸很疼我，有时会让我烦。"丽夏皱了皱眉头。

"会让你烦。"我跟随。

"是的，"丽夏点头，"譬如，我和他去吃饭，他会一直建议我吃点这个，吃点那个，我都说不吃了，他还唠叨。"

我笑了笑说："爸爸看上去很唠叨。"

"嗯。"丽夏的嘴角又挂上一丝笑意，同时又皱了皱眉头。

"我感觉到丽夏对爸爸有些无奈，爸爸既好又不好。"我感受着说。

"是的，是的，"丽夏点头，"爸爸一直都是最疼我的，但我又嫌他烦。"

"嗯，我能感觉到，"我笑着点了点头，"让我们再聊聊妈妈吧。"

"妈妈很漂亮，她经常给我买衣服什么的。"丽夏的声音很甜，我感受了一下，感觉她还是5岁的小女孩儿。

"嗯，还有呢？"我问。

丽夏的表情凝滞了起来，"妈妈以前不怎么关心我，当然，她会给我买衣服，但我们之间不那么亲，自从妈妈知道我的分数超过了重点本科线，才一下子与我亲近起来。"

我感受着丽夏，她在说这些话的时候，又恢复了她真实的年龄。这让我感觉到丽夏的人际交往问题很可能来自父母亲与她的关系。

"你是说，妈妈是在你分数超过重点本科线才和你亲近起来？"我问。

"是的，"丽夏点头，"妈妈以前说我不是学习的料，在初中升高中的时候就建议我报考职业学校，她说毕业就可以工作，但爸爸不同意，爸爸说尊重我的意见，我当然想上学了，就念了高中。"

"嗯，丽夏上了高中，并考上了重点本科。"我点头。

丽夏也很自豪的样子，"这是妈妈不会想到的。"

"嗯，丽夏很自豪。"我说。

丽夏也笑了笑，"其实，爸爸给了我很大信心，是他的坚持才让我有了上大学的机会。"

"爸爸坚持让你读高中？"我问。

"是的，我在初中的时候学习不好，没怎么用心学习，考上大学之后爸爸才告诉我，他当时只是希望我能有一个高中生活，不想让我过早走向社会……记得爸爸对我说，女儿，去享受你的高中生活吧。"

"去享受高中生活，多美好的心态。"我微笑。

"嗯，爸爸的话让我的高中生活一直很惬意。"丽夏微笑着说。

我："这与你能顺利考入大学校门有很重要的关系。"

"是的，是爸爸给了我一份轻松的感受，让我有一份轻松的学习和生活状态，"丽夏的笑容又渐渐收敛，"可是，可是进大学以后，我忽然感觉很累。"

我问："丽夏感觉很累，这种很累的感觉像什么？"

丽夏："说不好。"

我："闭上眼睛，去感受一下，看看这份'累'像什么？"

丽夏闭上眼睛，过了一会儿说："像一块儿手帕……带着花边的那种。"

"带着花边的手帕。"我跟随。

"是的，很漂亮的手帕，"丽夏睁开眼睛，"那是妈妈的手帕。"

"是妈妈的手帕……你想到了什么？"我问。

"我很小的时候，记得妈妈要去外地，我哭得很伤心，妈妈就是用这个手帕给我擦眼泪的。"丽夏的声音很小，我能感觉到她的伤感。

"丽夏很伤感，在这份伤感里去感受一下，你还能想到什么？"我把声音放慢、放低沉。

丽夏闭上眼睛，靠在沙发上，一行泪水从她的眼角流淌下来。她幽幽地说："考上大学，妈妈回来了，她很开心的样子，带着我去参加她朋友的聚会……可是，可是……"

丽夏的声音有些凄凉。

我说："妈妈在她的喜悦之中，并没有真的关注你，她不懂你的需要。"

丽夏睁开眼睛说："是这样的，老师你怎么知道？"

"是感受吧，我感受到了你的无奈。"我说。

丽夏没有再说话。这次咨询在长时间的沉默之后结束了。

在接下来的咨询中，我利用催眠和意象对话技术[1]与丽夏工作了9次，在这期间，我与她的爸爸也沟通了2次。丽夏爸爸很爱这个女儿，所以，到目前为止他没有再成家，而是一直默默关注着她。在与丽夏沟通的过程中，我能感受到丽夏的爸爸过于关注这个女儿了，这就会给女儿带来无形的烦躁，同时也让女儿感受不到他的爱。在我与丽夏的爸爸沟通中，我让爸爸去感受他与女儿之间的关系，他发现，只要和丽夏在一起，他就失去了自我，一切都是围绕着女儿转。最后爸爸省悟到了这样下去对自己的生活和女儿的成长都没有好处，他打算做自己，适当地关注女儿。当他这样做的时候，他发现女儿开始懂得他的爱，也更加理解他。

在与丽夏工作的过程中，丽夏明显地感觉到，她在讨好妈妈，她所做的一切都是希望妈妈能认可自己，所以，丽夏在与妈妈的互动中不知不觉间失去了自我。丽夏出生第二天就由爷爷、奶奶带，虽然妈妈会喂奶给她，但晚上睡觉的时候并不和孩子在一起，这是导致丽夏分离焦虑[2]的主要因素。分离焦虑的出现，与孩子的不安全感有关，所以，丽夏在妈妈面前所表现的讨好就是怕与母亲分离。这些情绪在丽夏的人际交往中不断出现，干扰了正常的人际关系。

与丽夏工作6次之后的一天，她爸爸打电话告诉我，昨天早晨，丽夏哭着打电话给他，她说她做了一个梦，在梦中她看到爸爸死了，她一边哭，一边回想着同爸爸在一起的时光。爸爸问她还梦到什么。她说，在梦里她是一个古代的公主，爸爸好像是一位王爷模样的人，他们生活得很幸福，后来不知怎么爸爸就死了，她很伤心地哭，直到哭醒。

这个梦很简单，不用细说大家也明白。当丽夏开始理解爸爸，感受到爸爸的爱之后，她依然怕失去这份爱，所以就做了这样的梦——分离焦虑的梦。丽夏认识到自己在爸爸的心目中是掌上明珠，是位公主。爸爸死了，丽夏就失去了爸爸的爱。总之，怕失去是这个梦的主旨。

影响人际关系的主要原因是孩子与父母或主要抚养人的关系模式。在个案咨询中要围绕丽夏与父母之间的关系模式入手。当丽夏自己感受到母亲对她是有爱的（虽然这份爱看上去不那么纯粹），并感受到爸爸的爱，这就会让丽夏的内在发生变化，变得自信起来，越来越具有安全感。

注释：

（1）意象对话技术：

意象对话技术主要是由我国心理学家朱建军先生创立的一种心理咨询与治疗的技术。它深邃开放，见效快，又疗效持久；它是从精神分析和心理动力学理论的基础上发展出来的，这一技术创造性地吸取了梦的心理分析技术、催眠技术、人本心理学、东方文化中的心理学思想等。它通过诱导来访者做想象，了解来访者的潜意识心理冲突，对其潜意识的意象进行修改，从而达到治疗效果。这里我要强调的是：潜意识修改，主要是来访者凭借自己的力量去修改，而不是咨询师做更多的干预。

(2) 分离焦虑：

分离焦虑（Dissociative anxiety）是指婴幼儿因与亲人分离而引起的焦虑、不安，或不愉快的情绪反应，又称离别焦虑。即婴幼儿与某个人产生亲密的情感联系后，又要与之分离时，产生的伤心、痛苦，以表示拒绝分离。是婴幼儿焦虑症的一种类型，多发病于学龄前期。

我梦见了蜘蛛

萧红（化名）今年 30 岁了，标准的职业女性。她结婚三年了。六个月前，母亲去世了，她一直没有从痛苦中走出来。

她第一次来我的工作室，只是哭，并没有多说什么。我简单问了下她的基本情况，就默默陪着她。记得那次她用了我咨询室里两盒子面巾纸。

萧红第二次来的时候，刚走进我的工作室，还没来得及坐下就告诉我她最近做的一个梦。以下是她讲述的梦境：

我梦见自己走进一个山洞，山洞里很黑，我有些害怕，但不知怎的，我还是一直往里走……走到山洞里之后，我没发现什么，就往外走，可是我发现一张很大很大的蜘蛛网，网的中间有一只很大很大的蜘蛛，我很害怕，感觉自己动不了了，就醒了。

"老师，你说我这是怎么了？"萧红喘着粗气说，"现在想到这个梦，我还能清晰地看到那个黑色的大蜘蛛。"

"看着那个黑色的大蜘蛛，你什么感受？"我问。

"害怕……很害怕。"萧红大声回答。

"嗯，很害怕。"我跟随。

"感觉那个大蜘蛛比人还大一圈。"萧红脸上满是夸张的表情。

"你站在洞口里面，看着这只黑色的大蜘蛛，看它接下来会怎样？"我给出建议。

萧红坐在沙发里的身子向后仰了仰说："很大、很黑、很害怕。"

"嗯，很大、很黑、很害怕……就这样看着它，看看这个大蜘蛛在干什么？"我把声音放低。

"不行了，我看不到什么了。"萧红放慢了语速。

"让我们回到那个梦境里，"我建议，"你很害怕……感觉自己动不了了……"

萧红不自觉地闭上眼睛，"我动不了了，身体像僵住似的。"

"嗯，身体僵在那里……很好……看着那个黑色的大蜘蛛……看着它……看它接下来会做什么？"我的语速更加缓慢下来。

"它……它在织网。"萧红喃喃地说。

"嗯，它在织网。"我跟随。

"它好像在网上写字。"萧红的声音很小。

"好像在网上写字……萧红看看它在网上写什么字？"我边跟随边引导。

"写的好像是英文，"萧红费力地说，"f……o……l……l……o……w……。"

"是 Follow。"我说。

"是 Follow me。"萧红的眼泪一下子流了出来。

"跟我来。"我轻声说。

萧红抽泣起来，"妈妈想让我跟她去。"

我等待着，萧红哭了好久才慢慢平息下来。

我问："是妈妈想让你跟她去，还是你想跟妈妈去？"

萧红闭着眼睛，眼皮慢慢地抖动着，"是我想跟妈妈去。"

"嗯……看着那个黑色的大蜘蛛，你想对它说什么吗？"我问。

"我想说，'我很想你，妈妈！'"萧红的眼皮抖动得更加厉害。

"很好……继续看着那个黑色的大蜘蛛……看着它。"我建议。

"蜘蛛网上面的字变了……变成 I love you。"萧红有些激动地说。

"I love you。"我重复萧红的话。

"那个蜘蛛在变小……变成了妈妈的笑脸。"萧红的眼角再次流出泪水。

"看着妈妈的笑脸，你想对妈妈说什么？"我问。

"妈妈，对不起……以前我对你不够关心，还经常发脾气……请你原谅我，"萧红哭泣着说，"妈妈，我爱你……不要撇下我。"

接下来，我默默地陪着萧红。大约过去了 5 分多钟，我感觉到萧红的情绪平静下来，唤醒了她，为她倒了一杯水。她没有喝，只是静静地坐着，最后她起身，对我说："老师，我可以走了。"

　　黑色的大蜘蛛在萧红的梦里是恐惧的意象，它象征着束缚和死亡。这让萧红难以面对母亲死亡的事实，因为她对母亲有很多歉疚和遗憾。当利用萧红的梦境去引导她面对母亲的死亡，说出那些歉疚和遗憾，萧红就会从现在的负性情绪中走出来。事实上我与萧红就工作了这么两次，这个梦提供了一个非常有益的治疗情境。生活中存在着诸多或然性和偶然性，而这次偶然的梦境促成了萧红尽早走出母亲死亡的阴影。

我经常做梦

他一进来就告诉我，"我经常做梦，而且每天都做。"

我请他坐下来，把咨询表格递给他。他没有去接，而是继续说着他要说的话，"每天做的梦并不长，都是很短很短的梦，所以，我都记得。"

我点头，把茶几上的咨询表格继续递给他。他看了看，并没有用手去接，而是说，"还是您帮我填一下吧，我叫许英杰（化名），30岁，武术教练。"

"我可以帮您填，在这个栏目里填什么？"我指了指"咨询目的"栏。

"咨询目的？"他想了想，"就填解释我的梦吧。"

我笑了笑说："那好吧。"

我只在表格里填上：许英杰（化名），男，30 岁，解释梦。

他没有看我填表，而是自顾自地倒了杯水，两口喝干。

我填完表格，看着他说："说说你记忆很清的梦吧。"

刚说到梦，许英杰就来了精神，"好好，我说，来您这儿的前一天，就是昨天晚上，我梦见一头狼在追赶一匹马，那马边跑边回头看那头狼，之后我就醒了。"

"就这些？"我问他，"还有吗？"

许英杰："没了，就这些。"

我："可以描述一下你梦境中的那头狼吗？它什么样？"

许英杰："就是狼样呗，还能什么样。"

我："起码你能告诉我那头狼是公狼还是母狼吧？"

"哦，哦，"他好像明白过来，"是母狼。"

我："母狼，它什么状态？"

许英杰："没什么状态。"

我："我是说，那头母狼在追那匹马的时候，是肚子饿了一定要追到那匹马吃掉，还是肚子不怎么饿，只是能追上就追，追不上就算了的那种状态。"

许英杰："哦，明白了……那头狼是能追上就追，追不上拉倒的那种状态。"

"那马又是什么状态？"我进一步解释，"就是那匹马很害怕，还是不怎么害怕。"

他想了想说："不怎么害怕。"

我笑着说："我感觉那匹马是公马，对吗？"

"你怎么知道？"他很诧异的表情，"的确是公马，而且逃得很快，一拐弯就跑掉了，把那头母狼气个半死。"

我："那匹马跑掉了，根本看不到那头狼的表情，你怎么知道把那头母狼气个半死？"

他笑起来，说："那匹马猜的。"

我实在憋不住了，哈哈笑起来，我说："你经常惹媳妇生气吗？"

许英杰看着我，很认可我的样子说："您真厉害，您怎么知道的？"

我说："是你的梦告诉我的。"

许英杰想了想，也禁不住笑起来。他告诉我，"我昨天下午回家，趁老婆不注意，我从抽屉里拿了一千元钱打麻将去了，没敢告诉她。"

我："后来被老婆发现了？"

"嗯，我回来的时候家里有客人，她没跟我发脾气，但我看得出她在心里恨恨的，"他又笑起来，"我趁她们不注意，又把钱放回去了，客人走后她就跟我嚷，我说你嚷什么，她说我拿钱没告诉她，我说我没拿，她说你没拿怎么少了一千，我说怎么会少一千，你是不是数错了，她气急败坏地把抽屉的钱拿出来数，数完后没话说了，可还是一眼一眼瞪我。"

我："她一眼一眼瞪你，你什么感受？"

许英杰："我觉得很好玩，看她生气我就开心。"

我："你感觉你多大？"

许英杰："不用感觉，我 30 岁了。"

我："我是说，那个刚刚气你老婆的你有多大？"

许英杰："哦，那个……估计四五岁吧。"

我："在四五岁的时候，你还记得些什么吗？"

许英杰："不记得什么，只记得我住在姥爷家，爸爸妈妈常年在外地。"

我："常年在外地？你多大的时候爸爸妈妈在外地？"

"听妈妈说，我 3 岁半就在姥爷家住了，爸妈一年能回来一两次。"他的表情黯淡下来。

我："爸爸、妈妈回来的时候，四五岁的你什么心情啊？"

许英杰："很开心吧，但他们好像不怎么在意我，总是抱抱我就去做别的事情了。"

我："你感觉被忽视？"

许英杰："嗯，有这种感受，听姥姥说，我平时很乖的，但是爸妈回来我就会变得不乖了，会经常不小心打碎东西。"

我："你打碎东西之后会发生什么事情？特别是爸爸、妈妈会怎么样？"

许英杰："爸爸不怎么理会我，但妈妈会过来骂我。"

我："妈妈过来骂你，你什么感觉？"

许英杰："那能有什么感觉，不开心吧。"

我："你这是猜测，去回想一下，你打碎了东西……妈妈会过来骂你……你的内心会怎样？"

他沉默了一会儿，说："好像很开心……这怎么可能?"

我："当一个孩子发觉打碎东西后，本来没有关注他的妈妈会过来'关注'他，他会怎样?"

愣了一会儿，许英杰问我可不可以吸烟，我打开窗户，告诉他可以。他点燃一支烟后，低着头，默默地吸起来，再没有说一句话。

许英杰第二次来我这里的时候，变得正经起来，也稳当了很多。坐下来后，他喝了点水，然后打开窗户，递给我一支烟，他给我点燃，自己也点燃一支，慢慢地吸起来。

我没有说话，只是陪他静静地坐着。

吸完烟，他开始讲他的第二个梦："我昨晚梦见一只小老鼠，白色的，在一个破旧的草房里躲来躲去，好像在藏猫猫，又像在找东西，之后就醒了。"

我："那只小老鼠有多大?"

许英杰："小老鼠没多大，就像一般的小白鼠。"

我："我是说，那只小老鼠按人的年龄来看，能有多大年纪。"

许英杰："哦，四五岁的样子。"

"嗯，有四五岁的样子。"我跟随。

他点头，"嗯。"

我："那个破旧的草房给你什么感受?"

许英杰："像小老鼠的家……是小老鼠主人的家，小老鼠是寄养在这里的。"

我："这只寄养的小老鼠在干什么?"

许英杰："在藏猫猫。"

我："它藏起来了,谁会来找它?"

许英杰："没有人来找它。"

我发现他脸上显现一丝凄凉的表情,"没有人来找它……那这只小老鼠藏起来干吗?"

许英杰："藏起来自己玩……幻想有人来找它。"

我："幻想有人来找它……幻想谁来找它?"

许英杰："爸爸,或者妈妈。"

"爸爸,或者妈妈。"我跟随。

他的眼睛有些潮湿,分明有一丝泪光闪过,但他没有哭。

沉默了一会儿,我问:"梦里的小老鼠好像在找东西,它在找什么呢?"

许英杰皱了皱眉,"我也不知道它在找什么……好像一直在找。"

"去感受一下那只寄养的小老鼠,"我把声音放低沉,"去感受它,感受小老鼠寻找东西时的心情。"

许英杰靠在沙发上,闭上眼睛,感受了一会儿说:"小老鼠有些焦虑……它不知道在找什么,可它会一直找下去。"

又是一阵的沉默。过了好一会儿,我给他添上水,把我的烟递给他一支,帮他点燃。我们没有再说话,只是吸烟、喝水。

许英杰第三次来的时候给我带来一包茶,是正山小种的极品。生活总是有些意外的巧合，我刚刚买了沏红茶用的玻璃杯，还一次没有用过。我煮了玻璃杯，沏上许英杰拿来的红茶。在这个过程中，我们都没有讲话，只是沉浸在沏茶的过程中，我能感觉到我们都在感受这个过程中的每一个动作。

我喝了口茶，感觉很浓郁，我说："真的不错，这是极品的正山小种。"

许英杰咧咧嘴，说："我前几天做了一个梦，很清晰，也很短。"

我："说说。"

许英杰："我梦见一只花色的大蜘蛛，它织了一张美丽的网，一只瓢虫在网上挣扎，那只瓢虫想飞走，可是被蜘蛛网粘上了，挣脱不出来，我就站在一边看着这一切发生，我没有帮助那只瓢虫，之后就醒了。"

我："花色的大蜘蛛给你什么感受？"

许英杰闭上眼睛，感受了一会儿说："有些苍老，但很善良，不可怕。"

我："苍老、善良、不可怕……你能想到什么，或想到谁？"

许英杰想了想说："像妈妈……她现在很苍老了。"

"嗯，"我点头，"再感受一下那张美丽的蜘蛛网，你能想到什么？"

许英杰："像姥爷家的窗帘，嗯，很像……我小的时候，姥姥会哄着我睡觉，我躺在床上，能看到这个窗帘……现在想想，那窗帘很精美。"

"姥爷家的窗帘，很精美，"我跟随，"再去感受那只花色的大蜘蛛，你能想到什么？"

许英杰："像姥姥……像姥姥哄我睡觉时的样子，很苍老，很和善，很温暖。"

"花蜘蛛很像姥姥，"我建议，"再去感受那只瓢虫，看看你能想到什么？"

许英杰："很弱小，很可爱。"

我："很弱小，很可爱……再感受感受，看看这只小瓢虫有多大？"

许英杰："出生不久，它想离开这里。"

我："出生不久，它想离开这里，去哪里？"

许英杰闭着的眼角有一滴泪，很晶莹，"要回家找妈妈。"

我："小瓢虫要回家找妈妈。"

"可它拉扯不断那根蜘蛛丝线。"许英杰眼角那滴晶莹的泪流淌下来，滑过他的鼻子，流向嘴角。

……

这次我们工作的时间不长。我没有解释什么，只是在唤醒他之后，和他一起品茶、吸烟。

第四次见到许英杰的时候，我感受他的眼睛里多了些什么。我请他坐下来之后，用心感受了一会儿，我发现在他的眼睛里多了一份坚毅，少了一份狡黠。他告诉我，这周他没有做梦，而且他的变化很大，别人说他好像一下子稳重了，老婆也说他变了一个人。他也觉得很神奇，问我都做了什么，是不是把他催眠了，植入一些什么指令。我告诉他，我没有那个权力给他下什么指令，我也没做什么更多的事情，只是像他看到的那样，一直陪他感受而已。

接下来，我告诉许英杰，人们在面对压力时会出现各种应对姿态，这些姿态将导致我们不一致的反应，主要有四种不良生存姿态：讨好型、指责型、超理智型和打岔型。我利用萨提亚家庭治疗模式[1]讲解的时候，我还摆出以上这些不良生存姿态的代表动作给他看，最后我问他，他的生存姿态一般是什么样子的。他说是打岔型。

我告诉许英杰，当我们利用他的梦境去感受和觉察时，他就会调整自己的应对姿态，这有利于人格的完善，能帮助他成为更一致、更完整的人，这也就是萨提亚所说的"表里一致"，我们中国人叫作"表里如一"。

纵观许英杰的这三个梦境，与他小时候父母不在身边，被寄养在姥姥家有关，这是他小时候的一个创伤情结。在这三个梦里，梦到的都是动物和昆虫，这更能直接地去感受，因为动物原型[2]更接近我们人类的潜意识。

接下来，让我们从许英杰的第三个梦开始感受一下：一个弱小的瓢虫"小许英杰"被和蔼的大花蜘蛛"姥姥"囚禁并疼爱着，但这并不是他想要的疼爱，他内心真正需要的爱是母亲的关注和呵护。于是他想逃，逃到妈妈那里。第二个梦，那只可怜的小白鼠在破旧的草房里（这个意象所要传达的是许英杰内心的不安全感）躲藏（寻找安全的地方），后来梦者感受那只白色小老鼠是在寻找，寻找什么呢？寻找母亲。再来看第一个梦，母狼在追赶一匹公马。我的感受就是许英杰与妻子之间的关系。许英杰在利用各种手段来激怒妻子，潜在的意义是引起妻子的关注，当然，这个行为最深层的意义是小孩子通过打碎东西等破坏性行为引起妈妈的关注。因为许英杰从小就缺少母爱。许英杰在 1 岁的时候就与母亲分离，这会导致孩子产生分离焦虑感，这种分离焦虑的背后是恐惧。许英杰的恐惧就会让他忽视了"自己、他人、情境"，不停地分心、乱来。但许英杰在情感上很少显露出内心真正的情绪，内心却又极为敏感，常独自焦虑和悲伤，又时常被人误解，内心的空虚和困惑很少有人理解，因为在他人眼中他是最快乐的人。

注释：

（1）萨提亚家庭治疗模式：

萨提亚家庭治疗模式又称萨提亚沟通模式，是由美国家庭治疗专家维琴尼亚·萨提亚（Virginia Satir）女士所创建的理论体系，萨提亚模式，又叫联合家庭治疗。家庭治疗是一种心理治疗的新方法，是从家庭、社会等系统方面着手，更全面地处理个人身上所背负的问题。萨提亚建立的心理治疗方法，最大特点是着重提高个人的自尊、改善沟通及帮助人活得更"人性化"，而不只求消除"症状"，治疗的最终目标是个人达致"身心整合，内外一致"。

（2）原型：

荣格将集体无意识的内容称为原始意象，原始意象一词意指一种本原的模型，其他相似的存在皆根据这种本原模型而成形。原始意象的同义词就是原型，在《集体无意识的原型》中，荣格指出，"原型这个词就是柏拉图哲学中的形式"，指的是集体无意识中一种先天倾向，是心理测验的一种先在决定因素，是一切心理反应所具有的普遍一致的先验形式，它使个体以其原本祖先面临类似的情境所表现的方式去行动。

非洲的原始丛林

　　一天，我接到一位母亲打来的电话，她说她发现自己的儿子最近有些反常。我问她是怎么一回事。她告诉我：

　　儿子叫佳麦（化名），今年 14 岁了。他一直以来都很懂事。我和他爸爸经常出差，家里只有奶奶、他和他妹妹。奶奶身体不好，我们不在家的时候，基本上都是儿子在照顾这个家。他学习一般，但其他方面表现得都非常好。可是不知道怎么了，最近他表现得很烦躁，而且我注意到，我领他出去和朋友家庭聚会的时候，他和其他小朋友会背着大人做些破坏性的事情。譬如：前段时间我领着他去我同学家玩，他和我同学的儿子在住宅的 13 层玩扫把，最后把扫把和垃圾车里的垃圾扔到各个楼层。等我们走后，大厦的保安找到我同学，后来我同学打电话告诉我的，叫我留意孩子的行为。还有一次，我和他爸爸带着他和妹妹去农村亲戚家，他和农村的一个孩子趁着天黑，在一条小路上挖小陷阱，把粪便埋在里面。这是他妹妹偷偷告诉我的。再有，一次他的舅舅来我家，因为什么事说了他几句，他在外面找来毛毛虫，把毛毛虫的毛蹭在舅舅的短裤上面，让他舅舅疼了好几天……

记得当时我要是不打断这位母亲的话，她一定还能列举儿子很多的坏事。

佳麦跟着母亲不情不愿地走进我的工作室。我请他们坐下来，没有多说什么，就带着佳麦来到治疗室。我告诉佳麦沙盘游戏治疗的一些规则，就请他摆沙盘。14 岁毕竟是 14 岁，一会儿佳麦就放松了警惕，在沙盘里玩起来。佳麦的沙盘里有很多变形的沙具，这让我感受到他的创伤不小。

佳麦摆完沙盘，我就带着他走出治疗室，我告诉妈妈和佳麦，我要每周和佳麦工作一次，佳麦也同意了。妈妈告诉他，下次让他自己来，他也很乖巧地同意。可是在第二次工作的时候，佳麦并没有按时到来，我给他妈妈打电话，他妈妈再给他打电话，总之前后耽误半个多小时他才来。这样的事情在第三次、第四次和第五次都在发生，第六次妈妈给佳麦打电话他都不接了，最后给妈妈的解释是电话不知怎的静音了，没听到。所以，在隔了一周之后，我才又见到了佳麦。佳麦告诉我，他不想摆沙盘了，他说不知道该摆什么。我问他最近有没有做梦，他倒来了精神头，他说前天就做了一个梦，很清晰。我请他讲给我听。

佳麦讲述的梦境

我梦见好像是在非洲的原始丛林里，有一头小豹子在草地上玩耍，在小豹子身后的密林里有一头大公狮子盯上了这头小豹子。距离大公狮子身后很远的地方有一对狮子母女，它们在小心翼翼躲避着什么。原来在狮子母女的身后，有一头大猎豹盯上了它们，那头大猎豹想吃那头小狮子。

讲述完这个梦，佳麦笑嘻嘻地说："怎么样，这个梦很有趣吧？"

我把笔记本递给佳麦，问他："你看，是这样的吗？"我在笔记本上画了他刚刚讲述的梦。

佳麦看了一眼说："老师，不是这样的，它们的排列不是一条直线，而是一个圆圈。"他比画着说："小豹子在这儿，在大猎豹的后面。"

我看着正在那里比画的佳麦，忽然来了灵感，我建议说："你这么说我也没听清楚，你不如在沙盘里把你的梦境摆出来。"

佳麦一听，马上来到沙盘前，把他的梦境摆了出来。摆完后他说："基本就这样吧……公狮子没有我梦里的凶狠，小豹子没有我梦里的可爱。"

我看着沙盘里佳麦摆出的梦境说："让我们一起感受一下这个场景吧。"

佳麦没有说话，静静地看着沙盘里的场景。

这样过了好一会儿，我问："看着这个沙景，佳麦想跟我说点什么？"

　　佳麦看了我一眼，指着沙盘里的小豹子说："它很可怜，也很危险。"

　　"嗯，"我抬头看着佳麦，"小豹子的危险我看到了，但是说小豹子可怜我倒是没看出来。"

　　"小豹子丢了，"佳麦的神情有些黯淡，"那个大豹子只顾追寻它的猎物，把小豹子弄丢了。"

　　"哦，"我点头，"你继续说。"

　　"那头公狮子也只盯着它的猎物，喏，它的猎物就是这头小豹子，"佳麦指了指沙盘里的狮子母女沙具，"你看，这头公狮子也丢弃了它的妻子和孩子。"

　　我看看沙盘，又看了看佳麦，"我感觉这头小豹子很像你……爸爸只知道忙自己的事情，很少关注妻子和孩子……妈妈也在自己的世界里，忙自己的事业，也忽略了你，对吗？"

　　佳麦眼角的泪光一闪而逝，他低着头没有再说话。

　　这次工作之后，我和佳麦建立了良好的咨患关系，就是通过这个梦我和佳麦达到了共情。[1] 在接下来的工作中，他总是按约定的时间准时到达。

　　我与佳麦的爸爸妈妈交流了两次，主要是告诉他们，佳麦是需要被关注的，孩子一直想成为爸爸妈妈心目中的好孩子，而不论佳麦怎么做，爸爸、妈妈并没有给予孩子适宜的关注，这就导致佳麦的内心失去平衡，他会撒谎，会伪装自己的真实情感，演戏给父母看，而压抑在内心的负面情绪就会扭曲，现实生活中的表现就是破坏。

在与佳麦的第十三次工作中，他讲述了另一个梦：

这个梦是我前天做的，我梦见还是在那个非洲的原始丛林中，有很多雾气，我艰难地往雾气中心走去，走着走着，我看到在一片草丛中有个小男孩儿，也就两岁左右大，他面前放着很多食物，他在大吃大喝那些东西。之后就醒了。

"非洲的原始丛林给你什么感受？"我问。

"炎热，虽然非洲大部分都是沙漠，但原始丛林是有水分的，可以活着。"佳麦说。

"可以活着，"我看着他，"也就是说动植物不会被渴死，起码有这么一小块地方可以生存。"

"嗯，"佳麦点头，"但还是有些不安的感觉。"

"人也感受到了。"我点头。

"那些雾气给你什么感受？"我问。

佳麦："感觉像北京的雾霾天气，有些喘不过气来。"

我："你去过北京？"

佳麦："是的，去过几次。"

我："和谁去的？"

佳麦："跟爸爸去过，跟妈妈也去过。"

我："在梦里，你往雾气深处走，那是要做什么？"

佳麦："不清楚，只是在往雾气里面走。"

我："感受一下，在往雾气深处走的时候，你什么心情？"

佳麦："有些犹豫，稀里糊涂地。"

我："有些犹豫，稀里糊涂地。"

佳麦："嗯，有些不安。"

我："有些不安……还有什么感受？"

佳麦闭上眼睛，感受了一会儿说："我好像在寻找什么。"

"嗯，好像在寻找什么，"我把声音放低，"看到那个两岁左右的小男孩儿，你什么感受？"

佳麦："很陌生。"

"很陌生，"我跟随，"你看着那个小男孩儿，看着他在吃喝，看着他，看看接下来会发生什么？"

佳麦的眼皮抖动起来，他说："小男孩儿好像长高了。"

我："嗯，小男孩儿好像长高了。"

佳麦："他站了起来。"

我："他站了起来。"

佳麦："天上同时出现了太阳和月亮。"

我："天上同时出现了太阳、月亮。"

佳麦："小男孩儿的身后有两个影子……一个是白色的，一个是黑色的。"

我："一个是白色，一个是黑色的影子，你什么感受？"

佳麦："我感觉很神奇……这两个影子好像要重叠在一起。"

我："这两个影子好像要重叠在一起……嗯，佳麦继续看着要重叠的影子。"

过了一会儿，佳麦说："它们重叠在一起了，变成一个影子了。"

"小男孩儿的影子变成一个了，你什么感受？"我问。

"很舒服。"佳麦脸上露出轻微的笑意。

太阳、月亮产生的两个影子最后重叠在一起，如果用阴阳、正向与负向来解释，给我的感受是阴阳调和，是一种心灵整合，我让他在"很舒服"的状态里多待了一会儿才唤醒他。

非洲原始丛林意象带给佳麦的是一种不安全感，小孩子在雾气里吃喝东西，这是一种获取，填补缺失的内在。心理咨询不是分析，更不是解释。如果非要给这个梦做个解释，我感觉这是佳麦内在整合的梦。白色的影子和黑色的影子，我的感受是正向情绪和负向情绪，这两个影子的重叠是一种心灵层面的整合。

写这本书的时候，我和佳麦的工作还没有结束，他还在成长的道路上。

佳麦的问题是人格[2]问题，这还需要一段时间。一般人格问题的个案，咨询时间都会长一些，我做过的人格问题个案，结束最短的是8个月的时间。

注释：

（1）共情：

此词有多种中文译法，比如共情、投情、神入、同感心、同理心、设身处地等等。人本主义心理学家认为共情是影响咨询进程和效果的最关键的咨询特质。按照罗杰斯的观点，共情是指体验别人内心世界的能力。它包括三方面的含义：

①咨询师借助求助者的言行，深入对方内心去体验他的情感、思维；

②咨询师借助于知识和经验，把握求助者的体验与他的经历和人格之间的联系，更好地理解问题的实质；

③咨询师运用咨询技巧，把自己的共情传达给对方，以影响对方并取得反馈。但咨询师不能代替当事人做感性判断。

（2）人格：

从心理学角度讲，人格主要是指人所具有的与他人相区别的独特而稳定的思维方式和行为风格。是指一个整体的精神面貌，是具有一定倾向性的和比较稳定的心理特征的总和。

人格的特征主要有四个，它们分别是人格的独特性、稳定性、统合性、功能性

①独特性：一个人的人格是在遗传、环境、教育等因素的交互作用下形成的。不同的遗传、生存及教育环境，形成了各自独特的心理点。人与人没有完全一样的人格特点。所谓"人心不同，各有其面"，这就是人格的独特性。但是，人格的独特性并不意味着人与人之间的个性毫无相同之处。在人格形成与发展中，既有生物因素的制约作用，也有社会因素的影响作用。人格作为一个人的整体特质，既包括每个人与其他人不同的心理特点，也包括人与人之间在心理、面貌上相同的方面，如每个民族、阶级和集团的人都有其共同的心理特点。人格是共同性与差别性的统一，是生物性与社会性的统一。

②统合性：人格是由多种成分构成的一个有机整体，具有内在统一的一致性，受自我意识的调控。人格统合性是心理健康的重要指标。当一个人的人格结构在各方面彼此和谐统一时，他的人格就是健康的。否则，可能会出现适应困难，甚至出现人格分裂。

③功能性：人格决定一个人的生活方式，甚至决定一个人的命运，因而是人生成败的根源之一。当面对挫折与失败时，坚强者能发奋拼搏，懦弱者会一蹶不振，这就是人格功能的表现。据此根据其特征我们可以在心理学上将人格定义为：是个人在适应环境的过程中所表现出来的系统的独特的反应方式，它由个人在其遗传、环境、成熟、学习等因素交互作用下形成，并具有很大的稳定性。

④稳定性：人格具有稳定性。个体在行为中偶然表现出来的心理倾向和心理特征并不能表征他的人格。俗话说，"江山易改，禀性难移"，这里的"禀性"就是指人格。当然，强调人格的稳定性并不意味着它在人的一生中是一成不变的，随着生理的成熟和环境的变化，人格也有可能产生或多或少的变化，这是人格可塑性的一面，正因为人格具有可塑性，才能培养和发展人格。人格是稳定性与可塑性的统一。

我在战斗

　　小李今年 15 岁，妈妈说他在家经常发脾气，而且不论春夏秋冬，晚上总要洗澡，一洗就是两个小时。前不久小李降级了，本来要上初三，可是他说什么也不想念书，他说怕自己跟不上。没办法，妈妈找人给他办的休学，现在重新读初二，妈妈感觉小李还是没有信心，怕他再不上学，所以来我的工作室求助。

　　我了解到小李还有一个双胞胎哥哥，这个哥哥学习很好，个子长得比小李高，力气也比小李大，哥哥的这些优势跟小李形成鲜明的对比。妈妈是个经常唠叨的人，爸爸很倔强，不爱说话。

　　小李一进我的工作室就迫不及待地问我："您说我是不是有病了？不然妈妈怎么带我来看心理医生。"

　　我看着小李说："我不是心理医生，我是心理咨询师，你以后可以叫我刘老师。"

"刘老师好，"小李略略弯腰，"但是我感觉我是有病的。"

"说说，你怎么感觉自己有病的？"我问。

"这么说吧，我做一道数学题，按老师说的思路解题我能做上，之后我会再用其他方法解这道题，要是想不到其他方法，我就会一直想一直想，同学们说我是傻瓜，"小李抬起头看着我，"老师，我真的是傻瓜吗？"

我："你说呢？"

"我觉得我是很傻，"小李很认真地说，"老师，我一旦钻进一个问题里，这一天也不一定出得来。"

"怎么个一旦钻进问题里就一天出不来？"我微笑着问。

"比如，我想去厕所，我会想要是不去厕所会怎样；去了厕所我会尿到便池里，要是尿不到便池，又会怎样；不去厕所我可能会憋着，憋不住了就尿到裤子上，尿到裤子上就会被人发现，发现了又会怎样；别人会耻笑我，说我傻，说我有病，我听到他们在说我，我又会怎样；也许会生气，也许不在乎，也许干脆跟他们打一架，可我又打不过比我高大的人，也打不过比我胖的人……"

"我感觉你哥哥比你胖，对吗？"如果我不打断小李的话，我想他会一直说下去。

"对呀，"小李抬起头看着我，"您怎么知道的？"

"我只是感觉而已，"我看着小李，"或许你可以靠在沙发上，或许你不想靠在沙发上，这都不重要，重要的是你会一直在想，我是靠在沙发上呢，还是不靠在沙发上呢。"

小李愣愣地看着我，身子没有动，直挺挺地坐在那里，不知道他到底是靠在沙发上，还是不靠在沙发上。

"对呗，"我点头，"其实靠不靠在沙发上也不重要，重要的是你可以让自己静下来，你可以跟着我去另外一个房间。"

我站起来，往治疗室的房间走去，小李很顺从地跟在我后面。

在治疗室，我请小李坐在沙盘边上，向他讲解了一下摆沙盘的基本步骤，他便开始摆起来。摆放完毕后，他说："老师，我摆的是我的一个梦。"

他指着沙盘里的人物说："这个是外星人，他在用意识控制着我。"

我指着在外星人对面的那个美国队长的沙具问："这个是你吗？"

"嗯，对，"小李说，"我没有找到像我的，我就拿了它代替我。"

我："在梦里你是怎样的形象？也拿着盾牌吗？"

小李："没有，我是穿着像龟壳一样的盔甲。"

我："你梦里的外星人什么样？也像这个沙具吗？"

小李："有点像，但比它胖。"

"嗯，有点像，比它胖，"我点头，"你能想到什么？"

小李："没想到什么。"

我："讲述一下你的梦给我听听，怎样？"

"好啊，"小李明显来了精神，"这个梦我做了好几次了，基本一样，我梦到我在试衣服，就是那个龟壳做的盔甲，我试了再试，要穿好久才能出发……我走在一片漆黑的森林里，树木是黑的，森林里没有阳光，我只能借助手电筒前行，忽然看到一些亮点，我知道那是一双一双的眼睛，我不害怕，因为我有盔甲，我就一直走，一直走，最后来到森林的中央，那里有一个外星人，长得胖胖的，比我高一点，他好像在那里念咒语，是针对我的，我就冲上去和他战斗。"

"讲完了？"我问。

"讲完了。"小李眨了眨眼睛。

"结局怎样？你没有说。"

"还没梦到呢。"小李回答得很认真。

我点了点头，"等你梦到了再讲给我听。"

"好的，"小李有些无奈，"可是每次都是做到这里就醒了。"

"嗯，别急，我帮你捋一捋头绪，"我建议，"看看那件用龟壳做的盔甲给你什么感受？"

"很沉重，"小李感受了一下说，"那是千年以上的龟壳，很重，很坚硬。"

"很重，很坚硬。"我跟随。

"是的，"小李点头，"它能保护我。"

"它能保护你，"我点头，"在梦里你穿那件盔甲的时间要多久？"

"做梦就是一会儿的事情，但我感觉光是穿那个盔甲就要费很长时间，估计能有两个小时吧。"小李说。

"准备工作要两个小时。"我点头。

"嗯，穿盔甲会耗费我很大的气力。"小李有些丧气。

"小李去感受一下穿盔甲时的状态。"我建议说。

"很烦，但我知道必须要慎重。"小李的表情也凝重起来。

"很烦，"我感受着小李的状态，"但必须要慎重。"

小李："是的，如果不谨慎我心里会没底。"

我："你会觉得不够安全。"

小李："是的。"

"这种不谨慎就会不安全的感受，在现实生活中你会想到什么？"

小李想了想，忽然抬起头对我说："老师，我好像每天都处在这种不安的感觉里。"

我点头，告诉小李今天的咨询就到这里，并和他约好下次咨询的时间。

在这个梦里，我明显地感受到小李与他哥哥的关系存在很大问题。因为这是第一次与小李工作，不便走得太深，所以没有继续利用这个梦与他工作。再有，我也想多了解一下他的哥哥。后来我打电话给小李的妈妈了解哥哥的情况，也了解小李与哥哥的关系情况。妈妈说，很小的时候这对双胞胎关系很好，后来上学了，他们之间的关系就越来越差，以至于闹得很僵。我问怎么个僵法。妈妈说这哥俩会分别向她讲对方的不是。我问他们兄弟之间是否会动手打架。妈妈说他们只动嘴，不动手。我叫妈妈去回想一下，是不是这哥俩上学后，哥哥学习好，经常被老师、同学和家长表扬。妈妈说是这样的，小李爸爸也喜欢哥哥，她也喜欢哥哥，而且经常指责小李学习不认真，做什么都不如哥哥。

知道了这些情况，我对小李的心理问题大致有了一些了解。双胞胎之一的小李在各个方面都不如哥哥，再加上人们的指责和不理解就导致了小李现在的状况。接下来我与小李利用沙盘游戏治疗技术工作了 14 次，小李的情况大有好转，虽然还是天天洗澡，但时间缩短了很多，钻牛角尖的事情也越来越少，时间也越来越短。在第 15 次的咨询中，他又讲到了那个梦。

小李一进来就说："老师，我昨天又做了那个梦。"

为他倒了一杯水后，我问他："这次与先前的梦有什么不同吗？"

"别急啊，"小李很开心的样子，"您知道吗老师，我穿那件盔甲的时间有多长……我来到森林边上，看到我的盔甲，我还没走到放盔甲的树下，那盔甲就自动穿在我身上了，呵呵，一点都没耽误时间。"

看着小李，我点头，"哦，那么快。"

"就那么快，"小李的状态很好，"我走进森林，这座森林变得不再那么黑暗了，虽然还是黑漆漆的，但是阳光可以透过树枝间的空隙照射进来，我不用手电筒了。"

"阳光可以照射进来，不需要手电筒了。"我说。

"是的，我很轻松就来到森林的中央，那个外星人还在那里念咒语，不同的是他没挑衅我，而是闭着眼睛在念咒语，森林深处的一对对眼睛也都闭上了，当时我想，或许他诅咒的不是我，当我这么想的时候，那个外星人好像能知道我的想法，他睁开眼睛告诉我，他从来也没诅咒过我，"小李看了看我继续说，"他不这么说的时候，我感觉他不是在诅咒我，可当他向我解释的时候，我忽然感觉他诅咒的还是我，我很愤怒，就冲向他，他也很生气，一下子变成绿巨人的模样，我们就继续战斗。"

我看着小李，等着他继续讲下去。

小李看我没有说话，他告诉我："讲完了。"

"还是没有结局？"我问。

"记不得了，估计是没有结局，我不知道谁胜谁负。"小李的表情很轻松。

"小李可以去感受一下这次森林里的那些眼睛与先前梦到的眼睛有什么不同。"我建议。

小李微微眯起眼睛，感受了一会儿说："先前梦到的眼睛我很害怕，这次梦到的眼睛不怎么害怕了。"

"你怎么害怕了，"我建议，"小李可以闭上眼睛，让自己回到昨天的梦境里……去看看那些眼睛……借助着透进森林里的阳光，看看那些眼睛都是谁的眼睛？"

小李顺从地闭上眼睛，眼皮轻轻地抖动了一会儿说："有爸爸的眼睛，还有妈妈的眼睛、有老师的、有二姨的、有奶奶的，也有同学们的。"

"很好小李，"我说，"再去看着那些眼睛，从那些眼神中你能感受到什么？"

小李的眼皮抖动得更加厉害了，"有生气……有害怕……有讨厌……还有后悔的眼神。"

"不错，"我建议，"小李可以想象一下，你站在那些眼睛的中间，去感受那么多的眼睛都在注视着你……去感受。"

就这样过了好久，我唤醒小李，没有再问他的感受，我说："今天的咨询就到这里，你可以走了。"

……

记得最后一次咨询，小李又讲述了他的梦：

在梦中，我又来到那片森林，森林的树木很奇怪，不再是黑漆漆的，而是有些绿色的叶子。我没有看到树下面的龟壳盔甲，我感觉很好奇，当我走进森林的中央，我看到那里没有外星人，只有两个光着身子的小男孩儿，他们在那里玩得很开心。

"那两个小男孩儿在玩，"我问，"你感受到了什么？"

"很开心。"小李闭上眼睛。

"嗯，"我把声音放低沉，"在这种感觉里多待一会儿……多待一会儿……"

人们的潜意识很有意思，有些梦会连续地做下去，这些梦一直在表达，表达梦者内心的情绪。以前小李反复洗澡是为什么？这不重要，重要的是对自己的不认可，觉得自己在很多方面都不如哥哥，这种反复的洗澡，我能感受到小李的内心，他在寻找自己，找寻自己的优势和能力，这也就是为什么他会一直沉浸在一个问题里的原因，他在寻求答案。

小李的症状是强迫性行为、强迫性思维，有明显的强迫症倾向。与他工作以来，我的感受是在上学之后，他的一次考试没有考好，问题就出现了，爸爸妈妈因为哥哥这次考试考得比弟弟好，他们就开始喜欢哥哥，而批评弟弟。同为双胞胎的小李就会在心理上产生怀疑，怀疑自己的能力比哥哥差，但内心深处又很不服气，于是就一直在求索，内在的台词是："我和哥哥是一模一样的，为什么他学习好，他有力量，而我却不行，是我的脑子有问题，还是哥哥的脑子更发达？"在咨询的过程中，小李曾问过我双胞胎的两个人，是不是一个聪明，一个傻。我回答是一般情况下不可能。这些状况都能证明，小李对自我的怀疑。究其根源，小李的问题是在一次或几次考试中，因为考得不好而受到父母的训斥，这完全是父母对待这对双胞胎的不同态度造成的心理问题。

在小李的梦里，他一次次去那个黑色的森林，在那里，他一开始是恐惧的，他会把这种恐惧转化成穿龟壳做的盔甲上面来，他要穿很久才能穿上那件可以保护他的衣服。之后他会在漆黑的环境里去寻找，最后他找到那个外星人，那个外星人在诅咒他，诅咒他的是什么呢？如果朋友们能认真感受一下，就会发现，诅咒多么像父母、亲朋、同学等人的指责，当然，这种诅咒也包括小李对自己的指责和不满意。在梦里，小李在战斗，在与谁战斗？他的内心在与哥哥战斗、与父母战斗、与那些不自信的情绪在战斗，说来说去小李是在与自己的恐惧战斗。随着心理咨询的深入，随着他日渐成长的心灵，梦境也在适宜地发生着变化，当他越来越了解自己，不再恐惧和迷茫的时候，梦境变得更加自然、平和，不再有战斗，一切富有生气。这就是人们内心的世界，有时它们被负性的情绪掌控，变得昏暗、死寂，有时被正向的情绪牵引，变得生机盎然，郁郁葱葱。

我是凄凉的仙女

　　我梦见自己穿着白色的裙子，在一个山崖边飘来飘去。感觉自己是仙女，可是梦里又觉得不对。心里很烦躁，就醒了。

　　这是小艺在第三次咨询中讲给我听的。这个梦她做过两次了，她说不知道为什么会做这样的梦，心里很堵，有种很不舒服的感觉。

　　小艺是高二的学生。学习很好，就是没有什么朋友，父母看得很紧，除了学习她不知道自己可以做什么，最近一段时间经常自己一个人躲起来哭。爸爸妈妈很担心，找到我的工作室，希望能得到帮助。我和小艺利用沙盘游戏治疗技术工作三次了。做完沙盘，小艺告诉我这个梦。

　　"醒来的时候小艺有些烦躁的感觉？"我问。

　　"是的，感觉很堵。"小艺点头。

我："让自己回到那个梦境里……你可以闭上眼睛……让自己慢慢回到那个梦境里。"

小艺闭上眼睛。

我："小艺可以选择一个更舒适的姿势坐在沙发上……可以像现在这样坐着，也可以调整一下，让自己更舒适。"

小艺靠在沙发上。

我："小艺在梦里穿着一件白色的裙子，去感受一下穿着白裙子的小艺是什么状态？"

"很轻……感觉没有重量……"小艺的声音很弱。

我："小艺来到山崖边……去感受一下此刻小艺的心情。"

小艺："有些害怕，不过还好，我没有掉到山崖下面去。"

我："小艺有些害怕……在山崖边上飘来飘去……小艺想做什么？"

小艺："说不好……就是在山崖的一边飘来飘去……好像要到山崖的另一边去。"

我："山崖的另一边有什么？"

小艺："看不清楚……有很多雾气在这里……我只能看到山崖的这边。"

我："小艺只能看到山崖的这边。"

"嗯，只能看到这边……那边有什么呢？"小艺喃喃自语。

我："现在先看看山崖的这边都有什么呢？"

小艺："这边都是峭壁。"

我："这边都是峭壁……形容一下这些峭壁吧。"

小艺："峭壁上的石头很光滑，也很凶险……月亮在山崖的上空，很凄凉的感觉。"

我："很凄凉的感觉。"

小艺："很凄凉……我感觉我不是仙女，我好像是一个孤魂野鬼。"

我："孤魂野鬼……不是仙女。"

小艺："不是仙女……我好像一点力气也没有。"

我："小艺在这里等待一会儿……看看雾气会不会一点一点地散去。"

过了好一会儿，小艺说："没有，这些雾气不会散去的，我看不到山崖的对面。"

我："小艺现在想象着画面定格在这里，就像放电影一样，把放映机暂停在这里……过一段时间，我们再来看这部电影……现在就停在那里……之后让自己回到现实生活中来，回到咨询室的沙发上来……你可以完全地回到现实中来……带着一份轻松的感觉回到咨询室的沙发上来。"

唤醒小艺之后，我给她倒了杯温热的水，让她去感受水流进身体里的感觉。这是希望她转移一下注意力，不要停留在那个梦境中，因为这个梦境里的小艺太脆弱了，没有力量，这会影响小艺在现实生活中的状态。

小艺走后，我给她的妈妈打电话，正好她爸爸也在，我请她打开手机的扬声器，简单介绍了一下小艺最近咨询的情况，小艺现在很脆弱，她感觉没有力量，从她的梦里我感觉到了她的无助，这很明显是抑郁倾向。我建议爸爸、妈妈在休息的时候多带小艺去外面走走，不要认为这是浪费学习时间，小艺的人生不只是学习。之后我又告诉他们：（大致的意思吧，当时没有记录。）

大部分家长在面对孩子的时候，抱着某种愿望和"爱"，认为自己可以辨别好坏，想指引孩子的生活。试问，在这个世界上有几个伟人和智者？即使你达到了那个高度，你又凭什么知道你的选择就是孩子想要的生活？我们可以做的，就是从孩子的语言、行为、思维模式中，把一些问题带进他的意识范畴，协助孩子去发现内在的动力。

家长运用自身的资源，为孩子尽可能地呈现出事实真相，支持孩子自己去选择，这才是家长要做的事情。所以，当我们放下帮助和引领孩子的企图，站在较远一点的地方，视角会更开阔，可以收集更多的信息，这时会发现，我们能更全面地了解孩子，协助他看到事物的本质和真相，并有所改变和提高各层面的能力。这是一种技巧，也是一种能力，需要我们做家长的不断地练习和提升自我素质。

也就是说，做家长的，不是站在指引孩子的位置上，而是站在协助孩子去发现的位置上，这不仅仅是对孩子的帮助，也是对生命的尊重。

爱，有时会蒙住家长的眼睛。什么是真正的爱？爱是一种支持、理解和呵护，而不是限制。爱是无私的，没有条件的，而一些家长的爱却是带有条件的，那个条件就是我给你爱，你要听我的。

　　在与小艺又工作了三次之后，她有了一些变化，我觉得时机成熟了，就建议她再次回到那个梦境中。

　　我："小艺闭上眼睛，让自己再回到以前做的梦境里。"

　　小艺又像以前那样，靠在沙发里。

　　我："当小艺回到那个梦境里的时候，那部电影的画面就会动起来……小艺现在穿着什么样的衣服？"

　　"白色的连衣裙，带着蓝色的花边。"小艺说。

　　我："白色的连衣裙，带着蓝色的花边。"

　　小艺："我很喜欢这件衣服……它很漂亮。"

　　小艺的脸上多了一些表情，感觉不像以前那样木然。

　　我："小艺现在可以看看周边的环境。"

　　小艺："我站在山崖边上，我站的地方有一小块草地。"

　　我："小艺的脚下有一块儿草地。"

　　小艺："嗯，对了，现在不那么黑了，月亮走了很远、很高，天边有些发白。"

　　我："天边有些发白。"

　　小艺："雾气看不见了……我看到山崖的那边是小湖……还有树林和鲜花。"

　　我："山崖的那边有小湖、树木和鲜花……小艺什么感受？"

　　小艺的脸上挂着一丝微笑，"很美……很美。"

　　我："小艺可以在这种感受里多待一会儿……在这种很美的感受里多待一会儿。"

......

释梦到这里就结束了，利用这个梦境我也可以再多做些什么，譬如：我可以引导小艺想办法到山崖的对面。出于对梦境的敬畏，也出于人本主义心理学[1]的理念，我没有那么做。其实，当小艺看到山崖对面的美好，这本身就够了。这个梦帮助我们的是，小艺的内在疗愈机制开始启动了。对于抑郁症倾向的来访者来说，内在疗愈机制的启动标志着她开始获得热情，对生活有了渴望，这是可遇而不可求的。

写这本书的时候，我翻阅小艺个案记录，我们一共咨询了 21 次。现在小艺的状态很好，积极、乐观。

注释：

（1）人本主义心理学：

兴起于 20 世纪五六十年代的美国。由马斯洛创立，以罗杰斯为代表，被称为除行为学派和精神分析以外，心理学上的"第三势力"。人本主义和其他学派最大的不同是特别强调人的正面本质和价值，而并非集中研究人的问题行为，并强调人的成长和发展，称为自我实现。

人本学派强调人的尊严、价值、创造力和自我实现，把人的本性的自我实现归结为潜能的发挥，而潜能是一种类似本能的性质。人本主义最大的贡献是看到了人的心理与人的本质的一致性，主张心理学必须从人的本性出发研究人的心理。

回到前世

"我梦见自己回到了前世，前世我是个小女孩儿，住在一个深山里，很像一个偏僻的农村。"小纪说。

小纪是高二的学生。因为不能集中注意力而来我这里求助的。这个梦是她与我第四次工作时讲给我的。

"那个女孩儿有多大？"我问。

"大约6岁吧，"小纪的表情也像6岁的小女孩儿，"她梳着两个小辫子，一蹦一跳的，很可爱的样子。"

"继续讲述你的梦吧。"我说。

"讲完了。"小纪说。

"哦，也就是说，你梦到前世是个6岁的小女孩儿。"我说。

"嗯。"小纪点头。

"感受一下，这个 6 岁的小女孩儿在偏僻的山村里，她的状态怎样?"我问。

"很开心，无忧无虑的样子。"小纪说。

"很开心，无忧无虑的，"我问，"6 岁的小女孩儿每天都做些什么?"

"就是玩，"小纪看着我，"什么也不做。"

"就是玩，什么也不做。"我跟随。

"嗯。"小纪点头。

"小纪可以闭上眼睛，回到你梦境的前世里。"我建议。

小纪闭上眼睛，很顺从。

我："现在我们去看那个 6 岁的小女孩儿，看看她都玩些什么?"

"小女孩儿在山坡上玩。"小纪的眼皮抖动着。

我："小女孩儿在山坡上玩什么?"

小纪："在捉蝴蝶。"

我："哦，小女孩儿在捉蝴蝶。"

小纪："小女孩儿玩得很开心……她捉了很多蝴蝶……忽然……忽然她听到一个声音，吓了一跳，她眼前漆黑，什么也看不到了。"

我："什么也看不到了……一片漆黑。"

"很黑……小女孩儿死了。"小纪幽幽地说。

我："看看小女孩儿怎么死的。"

"不清楚，只是听到'砰'的一声就死了。"小纪睁开眼睛。

我："小纪此刻什么感受?"

"害怕，"小纪攥紧拳头放在胸前，"好像还有些愤怒。"

"有些害怕、愤怒……小纪可以深深地吸口气，再慢慢地呼出来……我们试一下……吸气，攥紧拳头……吐气，松开紧握的拳头……放松。"我引导小纪做了两遍，小纪的情绪缓解了一些。

"还可以回到前世的梦里吗？"我问。

小纪点头，并闭上眼睛。

"很好，让那个6岁的小女孩儿回到捉蝴蝶的时刻……她很开心地在捉蝴蝶……她捉了很多的蝴蝶……现在小纪开始留意一下，看看一会儿会发生什么？"我建议。

过了一会儿，小纪说："小女孩儿什么也没看到……我却看到了……我看到一只恐龙，感觉是翼龙，它在这个山谷里盘旋，我能感觉到它很累，可是它没有要停下来的意思，它就那么一直飞、一直飞，最后它实在飞不动了，撞上了悬崖……死了。"

"它撞到了悬崖死了……那个小女孩儿呢？"我问。

"小女孩儿在抓蝴蝶的时候，没留意，她已经在悬崖边上了……这么一震动，小女孩儿被震死了。"

"远古的翼龙在山谷中盘旋，小纪会想到什么？"我问。

"就是翼龙在飞，很累的感觉，再想不到什么了。"小纪说。

我："看着翼龙，你感觉它很累，还有什么感受？"

小纪："它好像出去觅食，没有找到食物，回来的时候又找不到它的孩子了，所以很焦虑，还有一些生气。"

我："找不到孩子了……很累。"

小纪："很累、很焦虑。"

"翼龙出去觅食前，把孩子放在哪里了？"我问。

小纪："放在一个草棚里……孩子自己觉得没有意思了……就出去玩……玩着玩着就什么也不知道了。"

我："翼龙很累，在寻找孩子，6 岁的小女孩儿在捉蝴蝶，本来无忧无虑的，后来什么都不知道了……在现实生活中，这些信息能让小纪想到什么？"

小纪睁开眼睛，想了一会儿，之后突然想到了什么，她抬起头，看着我说："我 6 岁的时候，妈妈出去买东西，把我自己放在家里玩，我自己一个人在家有些害怕，看到窗外有几个小朋友在玩，我就出去跟他们玩，玩了一会儿，天有点黑了，我有些害怕，自己往家里走，可是找不到家了，我就哭，后来感觉眼前一黑，就什么也不知道了，醒来的时候妈妈在我面前，我看着妈妈的脸，我能感觉到她的疲惫。"

……

有的时候，我们经常会有一种不安全感，不知道这份不安全感来自哪里，总之，有时会惴惴不安；有的时候，我们也经常有一种愤怒情绪，这些愤怒情绪是无来由的，在当下的生活中找不到合理解释。那就到童年的经历中去觉察吧，就像这个梦，梦者的潜意识会把童年的不安全感用这种形式表达出来，真是匪夷所思，非常有创造力。人们童年的恐惧事件经常是被我们自己压抑或封闭起来的，随着年龄的增长，不同的年龄段会出现一些不同的情绪，这些情绪莫名其妙地影响着我们，通过合理的疏导，那些情绪的根源就会被潜意识以梦的形式提示给梦者，一旦这种信息被梦者的意识接收到，来自童年的不安全感就会缓解。当然，合理的疏导是需要梦者对咨询师的信任，咨询师也要和梦者建立安全、受保护、富有同理心的空间，这样梦者才有可能去自我探究、自我觉察。[1] 在人们的生命中，或许有些部分是你一直害怕去碰触，而不愿面对的。成长是需要勇气的，若我们总是逃避去觉察某些部分，那么我们将无法改变与成长。完形治疗[2] 学派认为个体有自我调整的功能，个体若能充分觉察，必然改变，也就是说，觉察本身即具有治疗的效果。

注释：

（1）自我觉察：

自我觉察不仅是自己看自己此时此刻的"状态"，更涉及一个人在其文化背景熏陶、社会变迁的影响、家庭的结构与家人互动模式及个人遗传特质等因素与此因素交互影响的结果，更能对一个人的情绪、行为、信念、价值观等方面有深入与完整的了解。

（2）完形治疗

完形（Gestalt）是德语词，原意为形状、图形。一群研究知觉的德国心理学家发现，人类对事物的知觉并非根据此事物的各个分离的片断，而是以一个有意义的整体为单位。因此，把各个部分或各个因素集合成一个具有意义的整体，即为完形。

一例择校失误导致的心理问题咨询
案例报告

说明：这是一个完整的心理咨询辅导案例，读者通过对整个咨询过程的阅读，可以更加深刻地了解心理咨询工作。这部分没有采取叙述故事的形式，而是以专业的案例报告形式呈现给读者，使读者能够知道心理咨询工作的严谨性和科学性。

【摘要】

刘某，男，20 岁，应届高中毕业生。因高考后选择学校时，怕不能考取省内的大学，就报考了外省合肥市的学校。当各大学录取分数线下来，刘某发现自己的分数可以考取省内的大学，于是就出现了反复说合肥热、该怎么办等症状。经诊断为一般心理问题。经与来访者协商，利用认知疗法和 NLP 程序语言技术对来访者进行了四次咨询，使来访者脱离原症状，开心地进入合肥的大学学习。

【关键词】

一般心理问题认知疗法[1] NLP　案例报告

一、资料整理

（一）一般资料

求助者：刘某，男，20 岁，应届高中毕业生。系独子，父亲是商人，母亲系事业单位职工。

刘某在出生后由祖父母带大，直到上初中才与父母同住。在初中和高中阶段学习成绩一直很好，没有经历过任何挫折。

父亲联系方式（略）；姑姑联系电话（略）。来访时，精神无异常表现，思维正常，衣着整洁得体，说话有些重复。在当地医院未检查出器质性疾病，主动求助。

（二）主诉

求助者考上了合肥的商学院，可是听人说那里很热，说北方人在那里无法承受夏日的高温，自己觉得平时在东北的夏天就很怕热，如果去了南方会活不了。这一个多月以来，晚上没有休息好，失眠，因此来求助。

（三）求助者个人陈述

上个月接到合肥商学院的录取通知书，接到通知书后就觉得不是很开心。后来听其他同学说合肥的夏天很热，我在当地夏天时就感觉到很热，如果去了南方不是更受不了吗。我就觉得合肥一定很热，我该怎么办。爸爸妈妈说那里不是很热，可是我真的不想去合肥读书，但又没有其他的选择。弄得晚上睡不好觉，一直想着该怎么办。

（四）家长反映和咨询师观察了解到的情况

1. 家长反映

儿子小的时候学习成绩很好，初、高中的时候也不错。情感方面同父母关系一直很融洽。这次高考分数下来之后，在选择学校的时候怕考不上吉林大学，所以选择了合肥的大学，当学校分数线公布后，发现吉林大学也可以进，但当时没敢报考吉林大学，他就一直唠叨"合肥热，怎么办？"这些话，到现在都一个多月了。

2. 咨询师观察和了解到的情况

求助者随姑姑前来就诊，衣着整洁，精神正常。言语不多，有些羞涩。性格稍内向。父母对孩子要求很严，尤其他妈妈对他的期望值很高，平时总灌输要孩子上某某名牌大学。小学时成绩好，自尊心很强，初、高中学习也一直不错。没有受到什么挫折。这次择校本打算报考吉林大学，但怕分数不够没敢报这个学校，公布各学校录取底线时，求助者发现自己可以考到吉林大学，所以产生后悔情结。在生活中的表现就是反复重复"合肥热、怎么办"等话语。

二、诊断与鉴别诊断

（一）诊断与诊断依据

1. 求助者主客观统一，知情意协调，人格相对稳定，无幻觉妄想，无显著的兴奋和活动异常，自知力正常，自动求助，因此可以排除精神病。

2. 该求助者的症状表现是高考择校失误而导致的后悔情结，属于常形，即具有现实意义和道德色彩，所以可排除神经症。

3. 根据求助者病程超过一个月（近四十天），痛苦程度浅度，社会功能影响轻度，无泛化（只限于这次择校问题），所以可排除严重心理问题。

4. 根据求助者主要症状特征：即稍有情绪低落、失眠、不安等表现，属于心理学的行为和情绪问题，因此该求助者可诊断为：一般心理问题。

（二）鉴别诊断：主要与以下病症相鉴别

1. 与重型精神病相鉴别：根据病与非病的三原则，该求助者的知、情、意是统一的，对自己的心理问题有自知力，有主动求医的行为，无逻辑思维的混乱，无感知觉异常，无幻觉妄想等精神病的症状，因此可以排除重型精神病。

2. 与严重心理问题相鉴别：该求助者病程不超过三个月，社会功能未受损，内心的痛苦程度为浅度，且未泛化，所以可排除严重心理问题。

3. 与神经衰弱相鉴别：该求助者没有出现与精神易兴奋相联系的精神易疲劳，情绪的强烈程度和持续时间与生活事件相关联，无过度紧张，因此可排除神经衰弱。

（三）原因分析

1. 生理因素：无器质性病变。

2. 心理因素：关键是认知方面。他的高考分数已经达到内心期望的学校分数线，但因为没敢报考那所学校而导致的内心后悔，这是潜意识里的，并未上升到他的意识层面，所以他的表层表现就是一直说"合肥夏天很热，我该怎么办。"

3. 社会因素：他失去了在理想的学校上学的机会，这让他产生了失眠，情绪有些低落。

4. 个性特征：责任心比较强，自尊心比较强，自信心相对弱。

三、咨询目标

根据以上的评估与诊断，同家长和求助者协商，确定如下咨询目标：

（一）具体目标：逐步改变求助者的"合肥热，难以生存"的观念，培养自信心，排解消极情绪。

（二）最终目标：建立求助者正常的认知观念，增强其社会适应能力，顺利完成合肥大学的学业。

四、咨询方案

（一）主要咨询方法与适用原理

1. 咨询方法：本例综合采用认知疗法和 NLP 程序语言技术。

2. 适用原理

（1）认知疗法是用认知重建、心理应付、问题解决等技术进行心理辅导和治疗，其中认知重建最为关键的在于如何重建人的认知结构，从而达到治疗的目的。

认知治疗者教导当事人如何通过评估过程，去辨别扭曲与导致功能不良的认知，并通过双方的努力合作，使对方学会分辨自己的想法和现实之间的差距，进而了解认知对感觉、行为，甚至环境中的事件的影响力。咨询员会教导对方去认清、观察并监控自己的想法与假设，特别是那些负面的自动化思考。

当他们进行自我观察，了解到不切实际的负面思考如何影响自己之后，接着便会检视那些支持或反对自己认知的证据，使自动化思考与现实做比较。这个过程包括：与咨询员进行苏格拉底式的对话、做家庭作业、收集自己所做的假定的相关资料、活动记录，以及做各种不同的解释。最后他们会对自己的行为提出假设，并学会使用特定的解决问题的方法与应对技能。跟理性行为疗法一样，认知疗法借用相当多的行为治疗技术。最后，当事人学会以实际、正确的解释去取代偏差的认知，也学会改变那些扭曲其经验并使功能不良的信念与假定。

（2）NLP 技术：NLP 是神经语言程序学的英文缩写。N（Neuro）指的是神经系统，包括大脑和思维过程。L（Linguistic）是指语言，更准确点说，是指从感觉信号的输入到构成意思的过程。P（Programming）是指为产生某种后果而要执行的一套具体指令。放在一起，这三个词的意思是指人们为使他们的思维、讲话和活动达到具体的结果所采取的具体行为。

（二）双方的责任、权利和义务

1. 求助者的责任

求助者有责任向咨询师提供与心理问题有关的真实资料，积极主动地与咨询师一起探索解决问题的方法，并完成双方商定的作业。

2. 求助者的权利

求助者有权利了解咨询师的受训背景和执业资格，有权利了解咨询的具体方法、过程和原理，有权利选择或更换合适的咨询师，有权利提出转介或终止咨询，并对咨询方案的内容有知情权、协商权和选择权。

3. 求助者的义务

求助者要遵守咨询机构的相关规定，遵守和执行商定好的咨询方案各方面内容，尊重咨询师，遵守预约时间，如有特殊情况，应提前告知咨询师。

4. 咨询师的责任

遵守职业道德，遵守国家有关法律、法规。

帮助求助者解决心理问题。

严格遵守保密原则，未说明保密例外。

5. 咨询师的权利

有权利了解与求助者心理问题有关的个人资料。

有权利选择合适的求助者。

本着对求助者负责的态度，有权利提出转介或终止咨询。

6. 咨询师的义务

咨询师有义务向求助者介绍自己的受训背景，出示营业执照和执业资格等相关证件，遵守咨询机构的有关规定，遵守和执行商定好的咨询方案各方面的内容，尊重求助者，遵守预约时间，如有特殊情况提前告知求助者。

（三）咨询时间与收费

咨询时间：每五天一次，每次 45 分钟至 90 分钟

咨询收费：每次 300 元人民币

五、咨询过程

（一）咨询阶段大致分为

1. 诊断评估与咨患关系建立阶段（第一次与第二次咨询）；

2. 心理帮助阶段（第二次与第三次咨询）；

3. 结束与巩固阶段（第四次咨询）。

（二）具体咨询过程：

1. 第一次：2009 年 9 月 10 日

目的：

（1）了解基本情况；

（2）建立良好咨患关系；

（3）确定主要问题；

（4）探寻改变意愿；

（5）进行咨询分析。

方法：用 NLP 中的跟随技巧，建立咨询情境。

过程：

（1）填写咨询登记表，询问基本情况，介绍咨询中的有关事项与规则。

（2）摄入性会谈，向求助者及其姑姑收集临床资料，探求求助者的心理困扰及改变意愿。

（3）对求助者进行 SCL－90 量表测验。

（4）分析资料及测量结果，做出初步诊断。

（5）向来访者姑姑反馈测验结果和初步诊断。

（6）商定咨询目标：第一次主要了解来访者基本情况和收集更多的来访者信息，并让来访者了解咨询的具体方式与方法。

2. 第二次：2009 年 9 月 15 日

目的：

（1）继续营造咨询情境；

（2）提高来访者对客观事实的认知能力。

方法：利用认知疗法进行摄入性谈话。

【主要细节步骤】

咨询师：小刘在第一次来这里做咨询的时候，我们相互间已经有了一份信任和了解。在接下来的时间里，我们要了解一下合肥市的夏季温度和咱们东北的温度到底差多少。（咨询师打开电脑，找到天气预报，把近期合肥市的温度与吉林地区的温度做对比。）

咨询师：其实，在夏季，东北与合肥的温度没有太大的差别，是吗？

来访者刘：是的，真的没有太大的差别。（小刘低下头，有些不好意思。）

咨询师：我的一位朋友叫李某，他就在合肥市生活了近五年。我也去过合肥两次，都是在夏天去的，说实话，我也没感觉有太大的温度差异。这是我朋友李某的电话（略），你有时间可以给他打个电话咨询一下合肥的夏季温度。 （咨询师把写好的李某的电话给了来访者。）

来访者刘：好的。

咨询师：我觉得小刘不是怕合肥市的高温，而是在内心深处不想去合肥念大学。（来访者看着咨询师。）你觉得呢？

来访者：是吗？也许吧。（来访者点头。）

咨询师：小刘你看，一开始你填报学校的时候，你是怕考不上吉林大学，所以就报考了和吉林大学差不多的合肥商学院。你在报考的时候就知道合肥在南方，对吗？

来访者：是的。

咨询师：但是当你知道你的分数可以被吉林大学录取的时候，你就感觉很失落，觉得合肥热，这很明显是你知道了可以进吉林大学，但却报了合肥商学院，内心很后悔当初的选择。所以对合肥商学院很拒绝，而不是害怕合肥市的夏季温度高。（咨询师笑着看着来访者。）

来访者：是的。您说得很有道理。我现在想象，是这么回事。

咨询师：合肥是个很不错的地方。你生活在东北 20 年了，现在有机会去合肥学习、生活四年，是个很不错的经历。而且可以了解那里的风土人情，了解不同地域人们生活习惯等。你觉得呢？

来访者：嗯。是这样的。能让自己的经历更丰富。

咨询师：就是。而且那里将是你的第二故乡。能认识很多生活在那里的老师、同学和朋友。

来访者：听老师这么说，我也觉得很舒服。能离开东北，在南方生活几年是件很不错的事情。（来访者笑。）

咨询师：你会开拓你的视野和未来的交际空间。

来访者：是的。现在我的心情平静多了。觉得即使温度高些，也不是问题。那是我的经历，经历就是我的财富。

咨询师：这几天我要给你布置家庭作业，一是要看天气预报，记录每天合肥市与吉林省的温度；二是要给我的朋友李某打电话，真实地了解合肥的环境。好吗？

来访者：好的。谢谢老师。

3. 第三次：2009 年 9 月 20 日

目的：

（1）验证第二次咨询的成果；

（2）培养来访者的自信心。

方法：采用 NLP 技术培养来访者的自信。

过程：

（1）反馈咨询作业：查看求助者记录的最近五天天气预报温度差别表格。

（2）利用 NLP 技术的借力法增加自信心。

【主要细节步骤】

咨询师：小刘在学习生活中有过你很崇拜的人吗？他们是很有力量和自信的人。

来访者刘：有。我很崇拜成龙的。

咨询师：哦，很好。现在请小刘站起来，走到房间的中间。（来访者走到房间的中间，站好。）现在请小刘闭上眼睛，想象身体的每个部位都放松下来，头部、颈部、双肩、四肢、胸部、背部、腰部、手和脚都完全地放松下来，包括小刘的心情也放松下来（停顿大约两分钟的时间）。现在小刘可以睁开眼睛，好像成龙就站在你的面前。你请求他给予你勇气和力量，你对他说"成龙先生，您是我很崇拜的人。您具有很多的勇气和力量，希望您能把您的力量和勇气给我一些。您不会因为给了我勇气和力量而缺失您的能量。"（待来访者说完这些话。）现在想象成龙挥起手臂，把一些金色的能量洒在小刘的身体上，小刘可以大口大口地吸气，把这些能量吸进自己的体内。它将给予小刘无穷的力量和自信。（小刘不断地大口吸气。大约持续五分钟。）这份力量将永远流动于小刘的身体里，就像成龙的力量一样，在需要勇气的时候，只要小刘想到这一刻，就会发挥出自信。

咨询师：很好。小刘和这种能量多待一会儿，去熟悉它、运用它。它是小刘的力量了（停留三分钟）。好，现在小刘感觉怎样？

来访者刘：很舒服。觉得自己真的具有成龙一样的能力。

咨询师：很好。以后小刘要努力学习。无论在哪里学习，知识都是自己的。像成龙一样努力去实现自己的梦想。

来访者刘：老师，我会努力的。谢谢老师。

4. 第四次：2009 年 9 月 25 日

目的：

（1）巩固治疗效果；

（2）结束咨询。

方法：放松冥想。

过程：

（1）利用想象未来的学习生活，使来访者更有信心去面对。

【主要细节步骤】

来访者刘：老师，我前天做了一个梦。我梦到和成龙在一起，我像他一样地锻炼身体，他教给我很多东西。

咨询师：能详细叙述一下那个梦吗？

来访者刘：可以。我好像来到一个海边，成龙在那里锻炼身体，我想过去，又有些犹豫。这时成龙喊我，我就走过去。他告诉我人们锻炼身体的终极目的是获得超强的毅力和勇气。他带着我一起锻炼。

咨询师：这个梦很有意思。小刘去感受一下跟成龙锻炼时的情绪。

来访者刘：很享受这个过程，感觉我很有信心做好每件应做的事情。

咨询师：很好，在这种状态里多待一会儿。

来访者闭上眼睛。过了一会儿咨询师继续引导：

咨询师：小刘可以闭上眼睛，慢慢地呼吸。当你把一些慌乱、烦躁都随着气流呼出体外的时候，你会觉得胸口越来越舒适、温暖……当你感觉胸口很舒适、很温暖、很平静的时候继续慢慢地深呼吸……慢慢地呼吸……你的心灵在这一呼一吸间慢慢地飞到了合肥大学的校园……那是一个很理想的学习之地……花团锦簇，书声琅琅，多么美好的地方啊……小刘经过走廊，那里有很多的同学，他们的口音不同，他们来自五湖四海……小刘将会在这里和大家共同生活、共同学习……在这个学校里，小刘会接触更多优秀的人，也会接受更多的信息和知识……大学这四年是最让人留恋的时光……这种经历不是每个人都会有的……而小刘拥有了这份时光，这是与你平时的努力分不开的……未来的四年大学时光，小刘会以优异的成绩完成自己的学业，和那些同学们一起努力，为了内心的渴望……为了父母的期望……为了自己人生的目标……努力着……快乐着……努力着……快乐着……和这种舒适、自信的感觉多待一会儿……多待一会儿……（停顿十分钟）

很好。现在小刘带着那份自信、快乐回到你坐的沙发上来……我会从一数到三，当我数到三的时候，你就会睁开眼睛，带着那份自豪感睁开眼睛。一、二，当我数到三的时候小刘就睁开眼睛，带着自信和快乐的心情睁开眼睛……三。（来访者睁开眼睛。）

（2）基本结束咨询，解除咨询关系。

咨询师简单总结一下来访者刘在咨询前的状况，以及咨询后的状况。

咨询师告诉来访者刘可以解除咨询关系。

在送来访者走的时候，咨询师给他一张纸，上面写着一个掌控情绪的故事：

驾驭自己的人

有一位禅师很喜欢养兰花。有一次他外出云游，就把兰花交代给徒弟照料。徒弟知道这是师父的爱物，于是也小心照顾，兰花一直生长得很好。可是就在禅师回来的前一天，他不小心把兰花摔到地上，兰花摔坏了。

徒弟非常担心，他自己受罚倒不要紧，他害怕师父会生气伤心。

问问自己，如果你是禅师，你会怎么处理？

禅师回来以后知道了，并没有生气，也没有惩罚。他告诉徒弟："我当初种兰花，不是为了今天生气的。"

这个世界上还有一小部分人，他们有一个奇妙的心智转化器，他们好像没有痛苦按钮，只有快乐按钮，而且按钮在自己手上。好像禅师，即使兰花摔坏了不是自己想要的结果，但是总有比大发雷霆更好的选择。他们的心智模式是：不管外界怎么样，我都有能力对自己的状况负责。这种人总能找到当下更好的方法，因为他明白，不管外界怎么样，下一步的生活，都是他们自己的！老板发火我可以选择去沟通，也可以选择离开；孩子不听话，我可以选择去教育，又或者调整自己讲话的方式；堵车的时候我可以选择下次不在这个时间出门，也可以选择用这个时间听听音乐或者练练听力……这种人我们称为驾驭自己的人。

六、咨询效果评估

（一）求助者自我报告：愿意去合肥大学上学，觉得别人能承受夏日的高温，自己也不会有问题，心情很好，对未来的学习生活很自信。

（二）家长反映：不再叨咕"合肥热、怎么办"。对未来的合肥大学生活很有信心。

（三）咨询师评估：观察求助者，其情绪状态良好，人也十分开朗自信，测量结果正常，达到了咨询目的，完成了咨询目标。

（四）测验结果

症状自评量表测验结果：SCL－90，躯体化1.8，强迫症状1.6，抑郁1.2，焦虑1.5，人际关系敏感1.7，总分110。

效果评估：完成咨询任务，达到咨询目标。

七、咨询师的反思

这个个案是求助者因为选择学校的失误而导致的内心冲突。高考、择业都是人们生活中必须要面对的选择，咨询师需要走进家庭教育、学校教育以及社区心理辅导中去，为青少年人群做好心理咨询与干预工作。

注释：

（1）认知疗法：

是利用认知心理学理念咨询的一种方法。认知心理学是20世纪50年代中期在西方兴起的一种心理学思潮，是作为人类行为基础的心理机制，其核心是输入和输出之间发生的内部心理过程。它与西方传统哲学也有一定联系，其主要特点是强调知识的作用，认为知识是决定人类行为的主要因素。

认知心理学是最新的心理学分支之一，从1950至1960年间才发展起来的，到70年代成为西方心理学的主要流派。1956年被认为是认知心理学史上的重要年份。这一年几项心理学研究都体现了心理学的信息加工观点。如 Chomsky 的语言理论和纽厄尔（Alan Newell）和西蒙（Herbert Alexander simon）的"通用问题解决者"模型。"认知心理学"第一次在出版物中出现是在 1967 年 Ulrich Neisser 的新书。而唐纳德·布罗德本特于 1958 年出版的《知觉与传播》一书则为认知心理学取向立下了重要基础。此后，认知心理取向的重点便在唐纳德·布罗德本特所指出的认知的讯息处理模式——一种以心智处理来思考与推理的模式。因此，思考与推理在人类大脑中的运作便与电脑软件在电脑里运作相似。认知心理学理论时常谈到输入、表征、计算或处理，以及输出等概念。

后　记

　　经过半年时间的整理，本书算是告一段落了。每个梦都是我这六年多心理咨询工作中来访者或朋友讲述的，都是真实的。还有一些梦过于隐秘，涉及个人隐私，我无法在这里展示出来，请朋友们理解。对于梦境的解释并不多，原因是无论你怎样给梦境一个或多个解释，都会把我自己的投射掺和进去，那样就会使梦境出现偏差，也会扭曲梦境的真实意义。所以，我把更多的梦的解析留给梦者自己去感受，这样才是对梦者，以及梦境的尊重。

　　本书记录了30多个梦境的解析过程。梦境中意象的象征意义和现实之间的连带关系，是本书的释梦基础。这是站在心理咨询与治疗的角度解释梦境的一本心理咨询技术的读本。通过对来访者新颖、独特梦境的解析，探索身心灵领域，使人们一些隐藏在无意识里的信息上升到意识层面。通过梦境这一途径来了解自我的情绪、潜意识的运作模式等信息，这具有心灵整合的治疗作用。

　　我希望在这里可以结识更多的朋友，也希望朋友们给予批评和指正。我的电邮：liuyuechen8@sina.com 。

　　最后，祝朋友们有个高质量的生活状态！

参考书目

［奥］弗洛伊德. 梦的解析. 罗生译. 南昌：百花洲文艺出版社，2009

［瑞士］卡尔·古斯塔夫·荣格. 荣格文集. 王永生等译. 北京：国际文化出版公司，2012

［美］马斯洛. 马斯洛人本哲学. 唐译编译. 长春：吉林出版集团有限责任公司，2013

［美］罗杰斯. 当事人中心治疗：实践、运用和理论. 北京：中国人民大学出版社，2013

［美］吉利根（Gilligan，S. G.）. 艾瑞克森催眠治疗理论. 王峻等译. 北京：世界图书出版公司，2007

［美］马斯诺. 洞察未来. 许金声译. 北京：华夏出版社，2004

［美］埃里希弗洛姆. 被遗忘的语言. 郭乙瑶等译. 北京：国际

文化出版公司，2007

　　[美] 杰弗瑞·萨德. 艾瑞克森：天生的催眠大师. 陈厚恺译.
北京：化学工业出版社，2009

　　[德] 伯特·海灵格. 谁在我家. 张虹桥译. 北京：世界图书出
版公司，2003

　　[德] 伯特·海灵格. 爱的序位. 霍宝莲译. 北京：世界图书出
版公司，2005

　　[德] 叔本华. 人生究竟有何不同. 罗杰文编译. 北京：中国三
峡出版社，2009

　　[美] 维吉尼亚·萨提亚、米凯莱·鲍德温. 萨提亚治疗实录. 张
晓云、聂晶译. 北京：世界图书出版公司，2006

　　朱建军. 你有几个灵魂. 北京：中国城市出版社，2005